Ana Figueiredo
José Silva
Bráulio Soares

Rotação e equilíbrio das marés

Ana Figueiredo
José Silva
Bráulio Soares

Rotação e equilíbrio das marés

Análise estatística de uma observação

ScienciaScripts

Imprint

Any brand names and product names mentioned in this book are subject to trademark, brand or patent protection and are trademarks or registered trademarks of their respective holders. The use of brand names, product names, common names, trade names, product descriptions etc. even without a particular marking in this work is in no way to be construed to mean that such names may be regarded as unrestricted in respect of trademark and brand protection legislation and could thus be used by anyone.

Cover image: www.ingimage.com

This book is a translation from the original published under ISBN 978-3-659-85052-3.

Publisher:
Sciencia Scripts
is a trademark of
Dodo Books Indian Ocean Ltd. and OmniScriptum S.R.L publishing group

120 High Road, East Finchley, London, N2 9ED, United Kingdom
Str. Armeneasca 28/1, office 1, Chisinau MD-2012, Republic of Moldova, Europe
Printed at: see last page
ISBN: 978-3-330-08605-0

Conteúdo

Agradecimentos

Utilizo este espaço para reconhecer aqueles que desejam o meu crescimento pessoal e profissional. Através deste sentimento, eles dão-me a força, o conforto e o estímulo necessários para a construção deste trabalho.

- Deus.

- Aos meus pais, João Carlos Mattiuci e Celise de Lourdes Leme do Prado Mattiuci que sempre se dedicaram e me apoiaram nos estudos.

- A minha irmã, Barbara Mattiuci, também me apoia.

- Meu noivo, Marcelo Figueiredo Barbosa Junior, que me apoia e me dá ânimo sempre.

- A minha avó Tereza, que apesar de distante está sempre comigo.

- Os meus tios, tias e primos.

- Os meus amigos do liceu e da universidade.

- Os meus professores, sem os quais este feito não seria possível.

- Ao professor. Sra. Antônio Araújo Sobrinho por me aproximar da astronomia.

- Ao professor Dr. José Ronaldo, pela orientação e confiança.

- Ao professor Dr. Bràulio Batista pela co-orientação neste trabalho.

- A todos os professores do Departamento de Física da UERN que contribuíram direta ou indiretamente para a minha formação académica e pessoal.

- Ao secretário do programa de pós-graduação em física da UERN, Tiago Martins Moura.

- Aos amigos que fiz nesta pós-graduação.

- À CAPES a bolsa concedida.

Resumo

Neste trabalho, estudamos o equilíbrio de maré das estrelas binárias e os principais processos que fazem com que os sistemas atinjam este estado. A teoria das marés, suas condições e processos físicos são discutidos no texto. Na nossa amostra existem 1538 binárias de tipos espectrais O-K, e classe de luminosidade V, IV e III, analisamos a relação entre período orbital, rotação e excentricidade, para encontrar o período máximo em que as binárias atingem a sincronização entre os períodos rotacional e orbital, e a circularização da órbita. Os nossos resultados são consistentes com a teoria das marés de Zahn, que afirma que quanto mais curto for o período mais provável é que o sistema esteja sincronizado e circularizado. Para cada tipo espetral, indicamos também o período de sincronização e discutimos as diferenças em relação ao tipo espetral e à classe de luminosidade.

Capítulo 1: Introdução

Quando olhamos para o céu temos a impressão de que várias estrelas estão próximas umas das outras, mas isso é apenas a aparência da projeção na cúpula do céu. Existe, portanto, uma diferença entre sistemas binários e sistemas múltiplos ou estrelas duplas.

Nos sistemas binários, duas estrelas estão próximas uma da outra e interagem fisicamente; quando há mais de duas estrelas, trata-se de um sistema múltiplo. As estrelas duplas, por outro lado, estão próximas apenas na aparência, devido à projeção do céu, mas não há interações físicas significativas. Estima-se que metade das estrelas estão em sistemas múltiplos. Kratter afirma que o estudo dos binários começou, pelo menos, há 250 anos, quando Mitchell, J., em 1767, mostrou a quantidade abundante de estrelas duplas [1].

As estrelas binárias dividem-se em três grupos, de acordo com a observação da Terra:

- Binário visual: Nestes sistemas não existe influência gravitacional.

- Binário astrométrico: quando apenas uma das estrelas é observada, mas o seu parceiro é detectado devido à flutuação no movimento da estrela observada.

- Espectroscópicas: Estas estrelas parecem estrelas simples mas apresentam variações nas linhas espectrais, desde o azul ao vermelho e contrariamente devido ao Efeito Doppler, as binárias espectroscópicas (SB) podem dividir-se em dois subgrupos - SB1: Apenas o espetro de uma estrela é distinguível e - SB2: Ambos os espectros são distinguíveis. Neste trabalho só temos binários espectroscópicos.

Em todos os sistemas binários podem ocorrer eclipses, uma vez que o ângulo entre o plano orbital e a linha de visão (linha imaginária que liga o observador e a estrela observada) é pequeno ($i \approx 0_\circ$), pelo que uma das estrelas passará periodicamente à frente da outra. Alguns sistemas já são conhecidos como binários eclipsantes, como por exemplo a estrela Algol, da constelação de Perseu.

Não se sabe explicar corretamente como os binários são formados. Kratter [1] afirma que as teorias de formação de estrelas binárias têm sido influenciadas por alguns eventos: fragmentação da nuvem primária [2], fissão do núcleo [3], fragmentação do disco [4], [5], [6], [7], interações entre três ou mais estrelas [8], entre outros.

Num sistema binário, os dois componentes estão gravitacionalmente ligados um ao outro e movem-se em órbitas elípticas em torno do seu centro de massa comum. O movimento da estrela mais fraca (secundária) em torno da estrela mais brilhante (primária), revela uma órbita relativa aparente. A forma desta órbita é como as órbitas individuais e o tamanho é como a soma das órbitas individuais. No entanto, para a maioria, a órbita observada não é igual à órbita relativa real, porque a órbita real das estrelas não está no plano do céu.

A figura 1.1 mostra uma ilustração das estrelas Sirius A e Sirius B da Constelação de Canis Major, estas estrelas são um sistema binário visual. Na figura, podemos ver o esquema da órbita real de cada estrela do sistema.

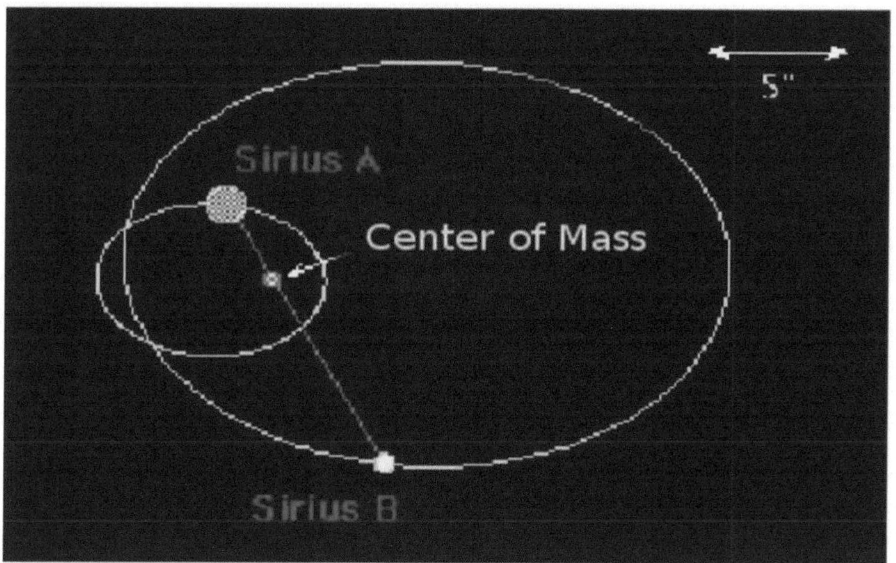

Figura 1.1: Órbitas do sistema binário Sirius A e B (fonte: [9]).

Outro ponto importante no estudo de binários é que estas estrelas podem fornecer mais observáveis do que as estrelas simples, por exemplo, os elementos orbitais, a massa e o raio da estrela, entre outros [10]. Isto será mais detalhado na próxima secção.

1.1 Parâmetros orbitais de sistemas binários

Num sistema binário, normalmente, as estrelas distinguem-se de acordo com a massa, ou seja, a primária (maior massa) e a secundária (menor massa).

De acordo com as leis de Kepler, podemos dizer que cada estrela se move ao longo de uma órbita elíptica em torno do centro de massa do sistema, como exemplificado na figura 1.1.

Os parâmetros orbitais dos sistemas binários podem ser divididos em três grupos:

I)   parâmetros de distância

a)   Semi-eixo maior *(a):* determina o comprimento da órbita do sistema binário.

b)   Excentricidade da órbita (e): determina o desvio de uma circunferência.

II)   Parâmetros do tempo

a)   Período orbital *(P):* tempo de uma volta completa da estrela em torno da sua órbita.

b)   Tempo de passagem pelo periastro (T): tempo calculado desde a passagem da estrela pelo periastro (local onde as estrelas estão mais próximas).

III)   Parâmetros de orientação

a) Inclinação da órbita (i): inclinação do plano orbital devido à linha de visada, o ângulo é progressivo (se $0° < i < 90°$) ou retrógrado (se $90° < i < 180°$) b) Longitude do periastro (ω): ângulo entre o periastro e o nodo ascendente (local onde a estrela passa pelo plano fundamental).

c) Ângulo de posição (Ω): mede a localização da linha nodal (em relação aos nós de uma interferência destrutiva), é medido no plano fundamental de norte para leste, $< 180°$.

O período do binário espetroscópico é determinado através das observações do espetro estelar, mas, isto não é possível para os parâmetros Ω e i. Os elementos e e ω podem ser determinados devido à curva de velocidade, a relação entre a variação da velocidade com o tempo reduzido para um período simples [11]. Outro parâmetro estelar importante é a velocidade equatorial estelar, mas a sua determinação é difícil, pois as observações fornecem apenas a velocidade projectada.

1.2 Velocidades de rotação projectadas

As velocidades de rotação projectadas das estrelas, *V sin i,* são a projeção da velocidade equatorial com o ângulo de inclinação i. A rotação estelar é a força motriz de diversos fenómenos nas atmosferas estelares [12]. De facto, a rotação contém informação sobre a transferência de momento angular, a geração de campos magnéticos e a perda de momento angular [13].

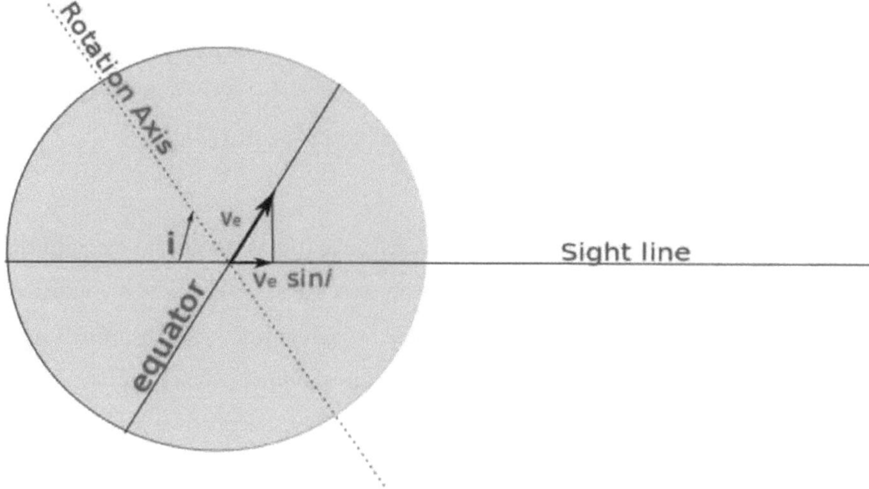

Figura 1.2: Eixo de inclinação *i*

Em seguida, existem cinco métodos de determinação utilizados para medir a velocidade de rotação projectada

• largura da linha: a velocidade de rotação é obtida por comparação com padrões de velocidades de rotação do mesmo tipo espetral. [14] [15];

• medições da largura total a meio-máximo: média de várias linhas espectrais, não misturadas e de intensidade moderada [16];

• convolução do perfil de linha: perfis de linha comparados com o conjunto de perfis de linha alargados rotacionalmente [17];

• análise da função de correlação cruzada: o subproduto destas análises fornece informações sobre o alargamento das linhas espectrais, dando em consequência valores V sin I [17];

• a análise da transformada de Fourier do perfil da linha: obter informação de V sin I através da relação sinal-ruído [18] [19].

Para mais informações remetemos o leitor para o Catálogo de Velocidades Rotacionais Projectadas [12]. Neste catálogo os autores obtêm dados de velocidades rotacionais desde

7

o final de 1981 até 2000, existem 17000 valores para mais de 12000 estrelas e erros, os erros de medição podem ser devidos a limitações instrumentais ou aos métodos de medição, as precisões mais elevadas são obtidas por transformada de Fourier e análise da função de correlação cruzada [20]. Porque o fator *sin i* nas determinações espectroscópicas da velocidade de rotação, só a análise estatística dos valores *de V sin i* permite estimar a velocidade de rotação tomando a distribuição aleatória do valor de i [21].

1.3 Equilíbrio de estrelas binárias

Todos os sistemas binários, assim como todos os sistemas físicos, procuram o equilíbrio, ou seja, o estado de energia cinética mínima. Para isso são necessárias três condições: sincronização - velocidade de rotação (Ω) igual à velocidade angular orbital (ω), circularização - excentricidade orbital nula e todos os giros, orbital e rotacional, alinhados. Todos estes parâmetros passam por processos de evolução, estes processos são: o efeito de maré, perda de momento angular pelo vento estelar magneticamente acoplado e pela radiação de ondas gravitacionais, forte acreção do vento e transbordamento do lóbulo de Roche caracterizando a transferência de massa [22].

A evolução da rotação está normalmente associada a uma evolução do *momento* angular [10], o *momento* angular altera-se devido aos torques de maré, como se explicará de seguida. Quando o sistema ainda não atingiu o equilíbrio, forças e torques farão com que o sistema atinja esse estado. A teoria das marés é a que melhor explica este processo.

1.4 A teoria das marés

O nosso planeta Terra é, na sua maioria, água do mar, e este fluido é a principal prova da eficácia da teoria das marés. A Terra sente o efeito de maré de todos os objetos que estão ao seu redor, mas ele é mais forte da Lua e do Sol, principalmente em comparação com os outros objetos do sistema solar. A maré na Terra ocorre principalmente devido à atração entre os sistemas Terra-Lua ou Terra-Sol. A maré é provocada por uma força gravitacional diferencial. Sabemos que a equação da força gravitacional é:

$$F = G\,\frac{Mm}{r^2} \tag{1.1}$$

A força de maré é uma força dissipativa, ela faz com que o sistema arquive o equilíbrio. Neste processo o momento angular do sistema é conservado. No sistema Terra-Lua por exemplo, o momento angular orbital da Lua é transferido para o momento angular rotacional da Terra e vice-versa. As marés existem em todos os objectos celestes, a sua intensidade depende da massa e da distância do outro objeto responsável pela influência das marés. Uma consequência da força de maré é que um satélite não pode se aproximar de seu planeta porque pode quebrar, o limite de Roche é a distância orbital mais próxima entre um planeta e seu satélite [9].

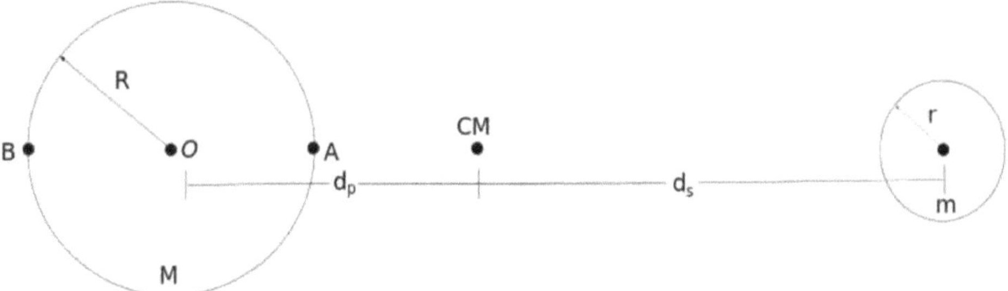

Figura 1.3: Ilustração de um sistema binário, com as suas estrelas a interagir.

Na figura 1.2 temos um esquema que exemplifica a atração da força gravitacional num sistema binário. As variáveis d_p, R e M são, respetivamente, a distância da estrela primária ao centro de massa CM, o raio e a massa, as variáveis d_s, r e m são os parâmetros da estrela secundária. No ponto O a força gravitacional tem a mesma intensidade que a força centrífuga, para os pontos A e B estes valores são diferentes. Para o ponto A considerando uma unidade da massa da estrela principal, a força gravitacional é:

$$F = G\frac{m}{(d_p + d_s + R)^2} \tag{1.2}$$

No ponto O temos:

$$G\frac{m}{(d_p + d_s)^2} = \omega^2 d_p \tag{1.3}$$

em que $\omega\, d^2{}_p$ é a força centrífuga. A equação 1.3 é válida apenas para órbitas cleperianas (ou seja, uma órbita que obedece às leis de Kepler). Assumindo que entre os pontos A, B e O, não existem diferenças significativas na força centrífuga média, devido à lenta rotação da estrela primária em torno do seu eixo, para um período orbital, podemos estimar, no ponto A, a resultante das forças gravítica e centrífuga.

$$\Delta F(A) \approx G \frac{m}{(d_p + d_s - R)^2} - \omega^2 d_p \tag{1.4}$$

$$\Delta F(A) \approx G \frac{m}{(d_p + d_s - R)^2} - G \frac{m}{(d_p + d_s)^2} \tag{1.5}$$

Como $R \ll (d_p + d_s)$ podemos expandir a primeira parcela da equação 1.5 numa série de Taylor[3], e temos:

$$G \frac{m}{(d_p + d_s - R)^2} \approx 2 \frac{Gm}{(d_p + d_s)^3} R + \frac{Gm}{(d_p + d_s)^2} \tag{1.6}$$

Fazendo $a - (d_p + d_s)$ e substituindo a equação 1.6 na equação 1.5 obtemos a expressão seguinte:

$$\Delta F(A) = 2 \frac{Gm}{a^3} R \tag{1.7}$$

Usando o mesmo procedimento encontramos um resultado semelhante para o ponto B, mas ele é negativo, mostrando que a força centrífuga é maior nesse ponto, e isso faz com que a massa nesse local seja empurrada para fora da estrela, gerando duas marés em lados opostos da estrela.

Nos sistemas binários, a maré é muito eficiente devido à massa das estrelas e à distância entre os componentes ser pequena em comparação com outras estrelas. E como no sistema Terra-Lua, o momento angular é conservado, assim o momento angular orbital do secundário é transferido para a rotação do primário. Cada estrela levanta protuberâncias das marés na superfície da outra, estas protuberâncias estão desalinhadas em relação à linha que une o centro das estrelas [23], assim, para atingir o equilíbrio as protuberâncias estarão atrasadas em relação à rotação da superfície da estrela[4]. Assumindo que os bojos de maré têm uma espessura relativa igual a $\delta(R)/R$, esta fração será proporcional à razão entre a força responsável pelos bojos de maré e a força gravitacional na superfície da estrela primária, como proposto por [24]:

$$\frac{\delta R}{R} \approx \frac{GMR/a^3}{GM/R^2} = \frac{m}{M} \left(\frac{R}{a}\right)^3 \tag{1.8}$$

---

3 $(a + x)^n = a^n + na^{n-1}x + \cdots$

4 O atraso ocorre apenas quando o período orbital é mais curto do que o período de rotação, ao contrário, é causado por um avanço das protuberâncias.

Assumindo uma densidade constante, os bojos de maré teriam uma massa da ordem de $\delta M \approx (\delta R/R)M$. Este valor é aproximado, pois o valor real depende da diferença de densidade entre as várias camadas da estrela. Assim, o torque do sistema seria:

$$\Gamma = -R\delta(M)\left(\frac{GmR}{a^3}\right) sin\alpha \tag{1.9}$$

onde a é o ângulo de desfasamento da maré em relação à linha que une o centro das estrelas, então com uma constante de densidade temos

$$\Gamma = \frac{Gm^2}{R}\left(\frac{R}{a}\right)^6 sin\alpha \tag{1.10}$$

A figura 1.3 mostra o esquema de um sistema binário em que f1 e f2 são as forças que actuam na estrela primária devido à atração das marés, é a velocidade de rotação da estrela primária, Ω é a velocidade orbital da estrela secundária e ω é o ângulo de desfasamento. Um observador que corra com a superfície de uma estrela de um sistema binário verá que a outra estrela levantaria uma protuberância de maré nesta estrela desalinhada por um ângulo proporcional à velocidade angular aparente da outra estrela. Para um observador fixo, a protuberância de maré estaria atrasada (ou adiantada) em relação à estrela companheira se a frequência angular de rotação (Ω) da primeira estrela fosse menor (ou maior) que a velocidade angular orbital (ω) [23].

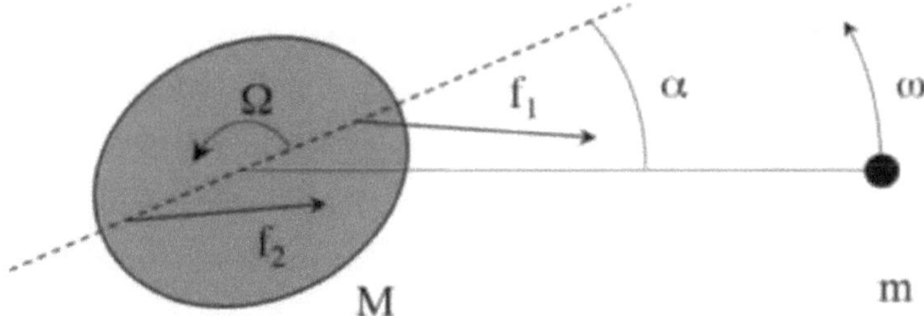

Figura 1.4: Ângulo de atraso do bojo de maré (fonte: [24]).

De acordo com o modelo de Tassoul, a maré por si só não explica o equilíbrio do sistema [25]. Ele defende um mecanismo puramente hidrodinâmico que, um fluxo meridional de grande escala (por outras palavras, negligenciando as caraterísticas de curta escala) sobreposto ao movimento em torno do eixo de rotação da componente distorcida pela maré. As correntes deixam de existir logo que o equilíbrio é atingido na estrela. O modelo de Tassoul explica ainda que se trata de um poderoso mecanismo de travagem, pelo que as primeiras binárias terão as suas velocidades de rotação reduzidas, não tendo sido atingida a sincronização completa nestas estrelas [25].

Em sentido contrário, o modelo de Zahn [26] sustenta que o equilíbrio do sistema é alcançado apenas pelas marés. Ele afirma que quanto mais próximas as estrelas do sistema, mais rápida será sua evolução dinâmica. Mas isso também depende da eficiência dos processos físicos que são responsáveis pela dissipação da energia cinética. Por este modelo, existem dois mecanismos responsáveis pela dissipação da energia cinética causada pela interação de maré: a viscosidade turbulenta e o amortecimento radioativo. Estes mecanismos dependem das caraterísticas da estrela. Para estrelas com uma zona de convecção exterior, a viscosidade turbulenta retarda a maré de equilíbrio (onde o atrito, a inércia e a distribuição irregular da massa são negligenciados pelo modelo), e em estrelas com uma zona radioactiva exterior é o amortecimento radioativo que actua sobre a maré dinâmica. A maré de equilíbrio descreve o retardamento do bojo da maré hidrostática. A maré dinâmica descreve a excitação e o amortecimento das ondas de gravidade *(∂')* nas zonas radioactivas da estrela. A viscosidade turbulenta ocorre em estrelas de tipo tardio, portanto, classe espetral F, G, K e M, estas estrelas têm um núcleo radioativo e um envelope convectivo [27].

No interior das estrelas a viscosidade é muito baixa (porque as estrelas são plasmas), mas no envelope a viscosidade é turbulenta e o mecanismo torna-se eficiente e afecta o movimento do sistema, fazendo com que as estrelas atinjam o equilíbrio. Quando toda a dissipação é desprezada e a estrela assume o equilíbrio hidrostático, este estado é a maré de equilíbrio. Fora da maré de equilíbrio, a flutuação da maré cria movimentos turbulentos no envelope convectivo estelar, dissipando a energia e fazendo surgir uma mudança de fase entre o bojo da maré e o movimento orbital das estrelas. Esta mudança de fase cria torques entre as duas componentes. A viscosidade nestas regiões provoca a dissipação da energia cinética em calor por atrito viscoso [24], levando o sistema ao estado de energia mecânica mínima, ou seja, ao estado de equilíbrio. Este mecanismo depende do envelope convectivo, sendo mais significativo em estrelas de tipo tardio. Para binários do tipo inicial, O, B e A, com núcleo convectivo e envelope radioativo, o mecanismo mais eficiente é o amortecimento radioativo.

A principal consequência das forças de maré e dos torques de maré é levar o sistema a atingir o equilíbrio, ou seja, a sincronização entre os períodos de rotação e orbital, a circularização orbital e o alinhamento do eixo de rotação [10].

A figura 1.3 mostra as forças e os torques que a estrela primária exerce sobre a secundária devido ao efeito de maré. O ângulo α mede o desfasamento do bojo. Como o torque foi definido nas equações 1.9 e 1.10 vamos considerar a próxima equação para o ângulo (α).

$$\alpha = \frac{\Omega - \omega}{t_f} \left(\frac{R^3}{GM} \right) \tag{1.11}$$

Este ângulo é proporcional à diferença de sincronismo (Ω - ω) e à intensidade do processo físico responsável pela dissipação de energia cinética em calor e, por isso, é inversamente proporcional ao tempo caraterístico do processo de dissipação, ou tempo de atrito (t_f). O desfasamento é responsável pela alteração do momento angular entre a rotação da estrela e o seu movimento orbital. A circularização e a sincronização são consequência deste desfasamento.

Na tabela 1.1 apresentamos os períodos de sincronização e circularização para estrelas desde 1 a 15 $_{Mo}$ esperadas para a sequência principal [30]. Na primeira coluna estão os tipos espectrais[5], e nas colunas 2 e 3 a sincronização e a circularização respetivamente.

Tipo espetral	P_{sync} (d)	P_{circ} (d)
B6	2,19	1,33
A0	1,92	1,10
A4-8	1,59	0,95
A9-F5	1,21	0,75
F8-K1	30	5,6

Tabela 1.1: Períodos típicos de sincronização e circularização para gamas espectrais diferentes [30].

De acordo com a tabela 1.1, podemos observar que o período de sincronização diminui no tipo espetral até o tipo F5, este intervalo é aproximadamente o intervalo para estrelas de tipo inicial, de F8 a K1 há um aumento significativo no período de sincronização. O mesmo fenómeno seria observado para o período de circularização, onde existe uma

---

[5] A tabela de http://www.isthe.com /chongo/tech/astro/HR-temp-mass-tablebyhrclass.html foi utilizada para efetuar a relação entre a massa e o tipo de espetro.

aparente anti-correlação com o tipo espetral até ao tipo F5 e a partir do tipo F8 este valor aumenta. Pode-se observar ainda que entre os valores dos períodos de sincronização e de circularização da tabela existe uma correlação, ou seja, em geral, os valores diminuem para estrelas do tipo inicial e aumentam para estrelas do tipo tardio.

Num estudo mais recente Abt e Boonyarak [31] analisaram uma amostra de 400 estrelas B0- F0, de classes de luminosidade V ou IV. Os seus resultados foram estrelas B sincronizadas com períodos de cerca de 1,65 dias, e estrelas A0-F0 com períodos de cerca de 3 dias, de acordo com o modelo de marés, tal como os resultados da tabela 1.1 [30].

1.5 Sincronização, circularização e alinhamento

O momento de inércia em relação ao centro da órbita (Ma^2) e o momento de inércia em relação ao centro da estrela $(I < MR^2)$ são significativamente diferentes, uma vez que o eixo semimaior a, é maior que o tempo de sincronização, ou seja, a sincronização ocorre antes da circularização [29]. Este facto será demonstrado a seguir.

A hora da sincronização é:

$$\frac{1}{t_{sync}} = -\frac{1}{(\Omega-\omega)}\left(\frac{d\Omega}{dt}\right) = -\frac{\Gamma}{I(\Omega-\omega)} \tag{1.12}$$

onde I é o momento de inércia da estrela considerada [28]. Com as equações 1.11 e 1.12, considerando que α é curto (sin $a \approx a$) temos:

$$\frac{1}{t_{sync}} \approx \frac{1}{t_f}q^2\left(\frac{MR^2}{I}\right)\left(\frac{R}{a}\right)^6 \tag{1.13}$$

em que $q = m/M$.

Resolvendo todas as equações, a expressão correta seria escrita da seguinte forma

$$\frac{1}{t_{sync}} \approx 6\frac{K_2}{t_f}q^2\left(\frac{MR^2}{I}\right)\left(\frac{R}{a}\right)^6 \tag{1.14}$$

onde k2 representa a resposta ao campo dipolar externo devido à estrela companheira, é também uma função da concentração de massa na estrela interior [28].

O tempo de circularização da órbita é:

$$\frac{1}{t_{circ}} = -\frac{dln(e)}{dt} = \frac{21}{2}\frac{K_2}{t_f}q(1+q)\left(\frac{R}{a}\right)^8 \tag{1.15}$$

onde a escala de tempo de circularização do sistema binário próximo depende do descolamento entre os componentes ou do período equivalente [28] [34]. O tempo de circularização da órbita em geral é superior ao tempo de sincronização por um fator de 10

.²

O alinhamento é conseguido antes da circularização, se os eixos não estiverem alinhados, podem causar precessão apsidal, precessão do plano orbital e mudanças no ângulo de inclinação [34]. No entanto, não se sabe se na formação as binárias já apresentam o eixo de rotação desalinhado.

Capítulo 2: A amostra

Na nossa amostra existem 1010 estrelas de sequência principal (não evoluídas) e 716 estrelas gigantes e sub-gigantes (evoluídas). Os tipos espectrais e a classe de luminosidade foram recolhidos da base de dados do SIMBAD, onde selecionámos todos os sistemas binários com período orbital, rotação e excentricidade.

O período orbital e a excentricidade foram recolhidos da versão online do Ninth Catalog of the Orbital Elements of Spectroscopic Binaries [35]. Este catálogo tem 2386 sistemas e é do domínio público.

As rotações médias $V \sin i$ *foram* recolhidas do Catálogo de Velocidades Rotacionais Projectadas [12]. O catálogo tem 17490 valores de velocidades equatoriais projectadas para cerca de 12000 estrelas de todos os tipos espectrais e classes de luminosidade. Incluiu dados do catálogo de Uesugi e Fukuda [36] que fornece a média de $V \sin i$ do antigo sistema Slettebak [37] para 6472 estrelas [38]. O catálogo fornece também coordenadas equatoriais, magnitude visual, tipo espetral, erros e métodos de determinação de V sin i.

Os dados de 179 binários espectroscópicos recolhidos por Abt e Boonyarak [31], dos tipos espectrais B, A e F e classe de luminosidade V e IV foram adicionados à amostra com correção para evitar erros sistemáticos. Os dados de 301 binários espectroscópicos de De Medeiros e colaboradores [39] também foram adicionados, mas não foi necessária a correção. A calibração aplicada para a correção é mostrada na figura 2.1 e a equação da calibração é fornecida a:

$$V \sin i (Abt \& Boonyarak) = (0.9212)V \sin i (Glebocki \& Stawikowski) + 1.6708 \qquad (2.1)$$

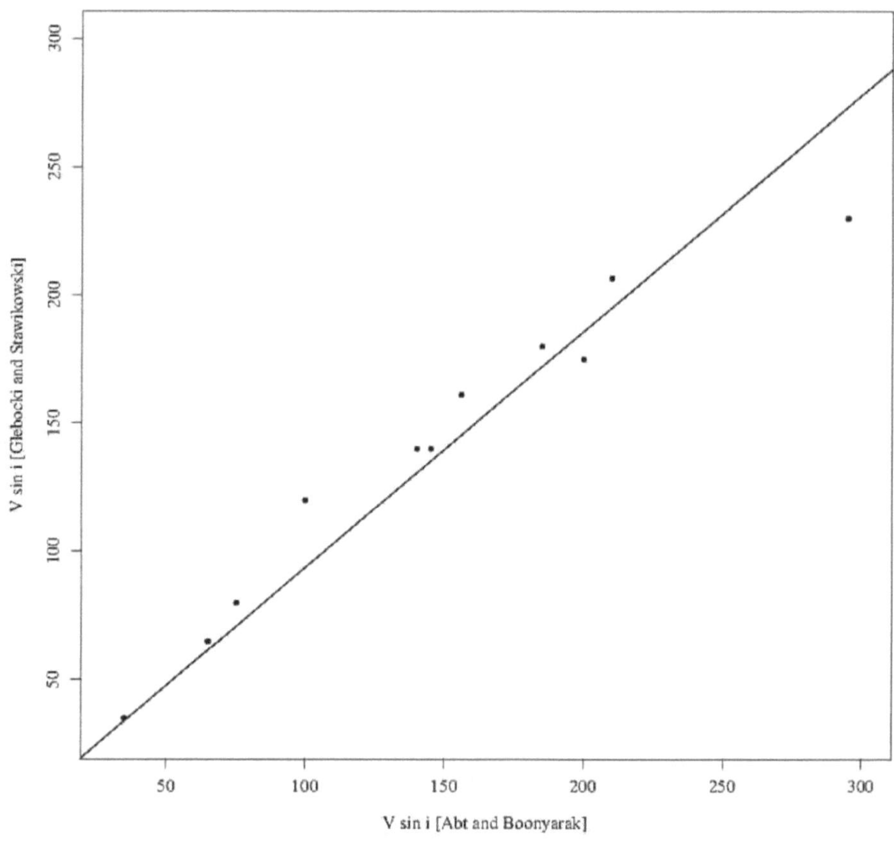

Figura 2.1 : Curva de melhor ajuste para a correlação dos *dados V sin i*.

A tabela 2.1 apresenta um resumo da nossa amostra, onde as estrelas foram agrupadas de acordo com o tipo espetral e a classe de luminosidade

Tipo de espetro	V	IV e III
O0 a O9	26	17
B0 a B4	85	89
B5 a B9	95	59
A0 a A4	174	49
A5 a A9	47	29
F0 a F4	68	28
F5 a F9	194	45
G a G4	128	66
G5 a G9	84	133
K0 a K9	109	201

Tabela 2.1: Quantidade de estrelas por tipo espetral evoluídas e não evoluídas.

Os sistemas de cada grupo da tabela 2.1 foram agrupados de acordo com o período orbital, em intervalos de 0 a 1, 1 a 2, 2 a 4, 4 a 8, 8 a 32, 32 a 256, 256 a 1024, 1024 a 8192 e maior 8192 dias. Mais detalhes de todas as amostras deste trabalho estão no apêndice 1.

A curva de melhor ajuste, em cada gráfico, apresenta a tendência geral entre as quantidades que são comparadas. No gráfico de $V \sin i$ e período orbital estão também os limites inferior e superior das estrelas em cada grupo. Estes raios limites foram estimados a partir de calibrações fornecidas na tabela de classificação estelar.[6] Em seguida construímos duas linhas em cada gráfico com base nos limites, também levamos em conta a distribuição aleatória dos eixos de rotação (i - π /4) [21]. As linhas vermelhas indicam os maiores raios e as linhas azuis indicam os menores raios. Todos os gráficos estão no capítulo seguinte.

---

6 (http://www.isthe.com/chongo/tech/astro/HR-temp-mass-table-byhrclass.html)

Capítulo 3: Resultados

3.1 Velocidade de rotação e período orbital

Os gráficos seguintes mostram a velocidade de rotação com o período orbital, onde os intervalos de período estão em dias e as velocidades de rotação estão em km/s. As linhas azuis e vermelhas representam as linhas de raios de cada grupo indicado na legenda. Estas linhas foram calculadas usando a equação:

$$v = \frac{2\pi R_*}{P} = 50.61\, \frac{R_*}{P} \tag{3.1}$$

onde R é o raio da estrela em quilómetros, e está em raios solares e P é o período orbital em segundos. O produto da velocidade pelo período orbital fornece o raio orbital, mas, a linha do raio foi construída com os raios das estrelas (conforme o tipo espetral), ou seja, o raio da rotação. Portanto, as estrelas dentro deste intervalo estão sincronizadas.

As estrelas estão agrupadas por tipo espetral O, B, A, F, G e K. Os tipos espectrais B, A, F e G foram destacados ainda de 0 a 4 e de 5 a 9. Os tipos espectrais O e K não foram destacados devido à escassez de dados. *Vemos* na figura 3.1 cinco gráficos, *V sin i* com período orbital, para os binários O, B e A da seqüência média. Os sistemas sincronizados na figura têm períodos em torno de 0,59 até 5,48 dias (ver tabela 3.1), estes resultados são considerados valores muito pequenos, pois alguns períodos são maiores que 8000 dias. Mas estes valores estão de acordo com a literatura. Quando comparamos com os resultados da teoria das marés [30] encontramos estrelas binárias B com período de sincronização ou período de corte (Pc)[7] cerca de 2,19 dias e binários do tipo espetral A sincronizados com 2,8 e 3,16 dias. Exceto o tipo espetral B, todos os grupos na gama de sincronização mostram uma anti-correlação entre V sin i e o período orbital, o que pode ser uma evidência de transferência de *momento* angular da órbita para a rotação. Mas nos tipos espectrais O e B os valores de V sin i são aproximadamente constantes. Em ambos os gráficos com o tipo espetral A vemos claramente a anti-correlação entre V sin i e o período orbital nos grupos sincronizados, o mesmo não se pode dizer dos grupos não sincronizados, para estes grupos não parece existir relações físicas entre V sin i e o período

---

[7] Período abaixo do qual os sistemas atingem o estado de sincronização.

orbital.

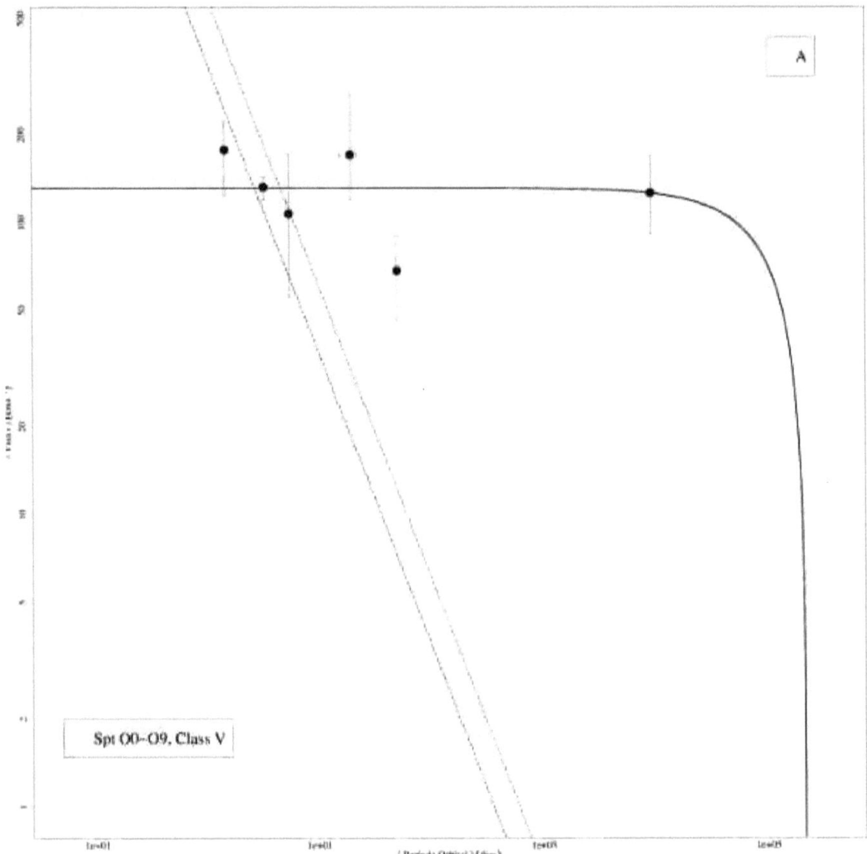

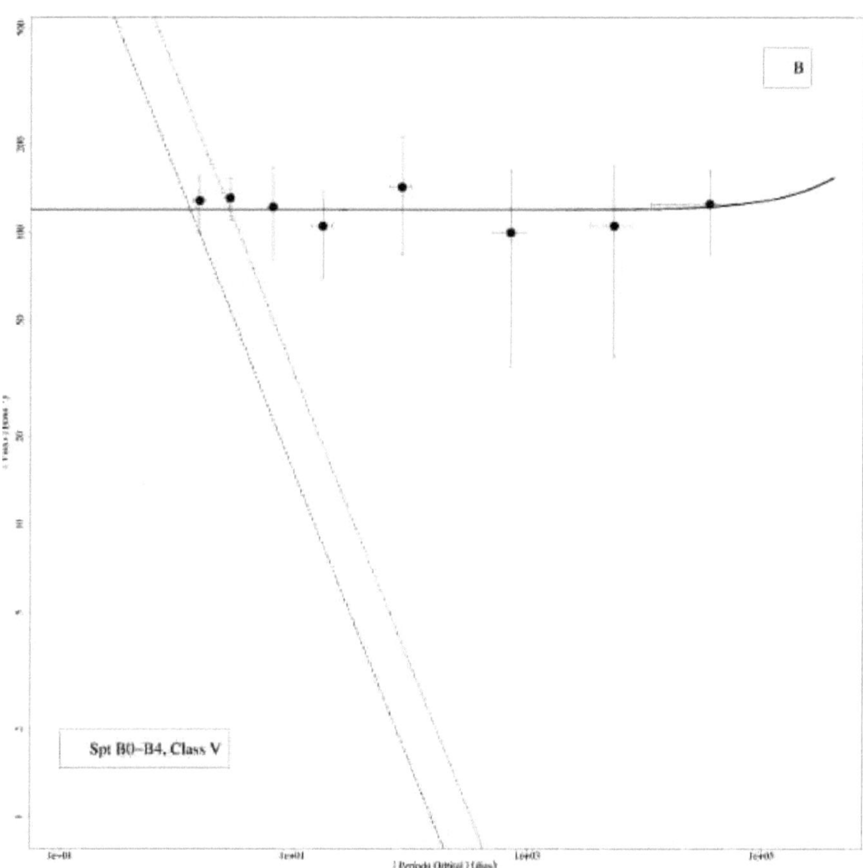
B
Spt B0–B4, Class V

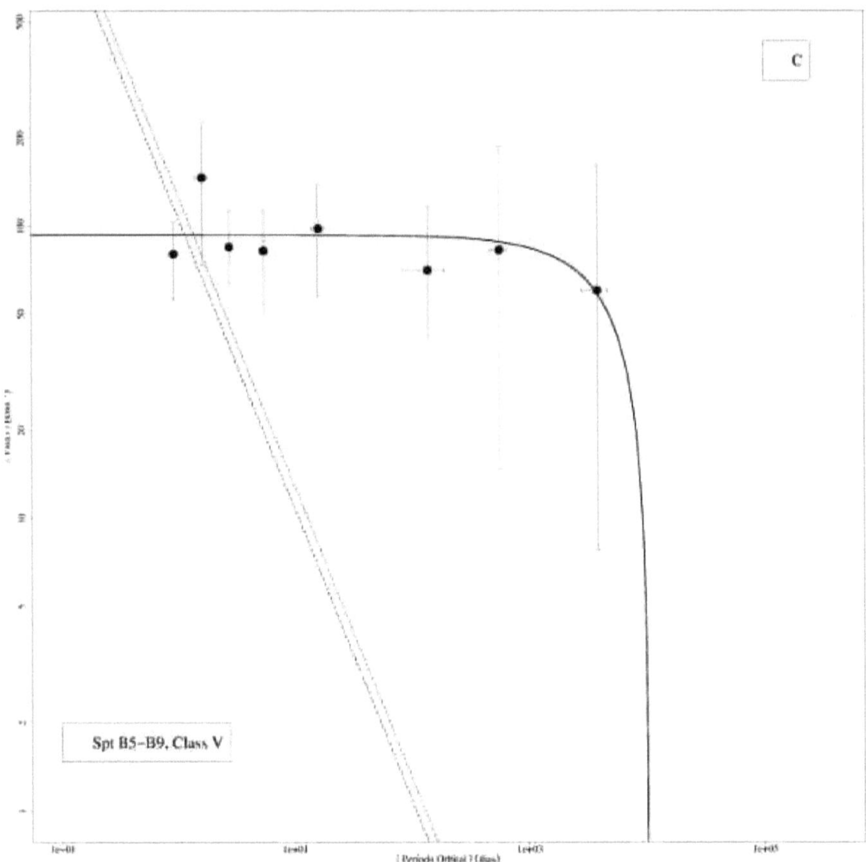
C
Spt B5-B9, Class V
[Periodo Orbital] (dias)

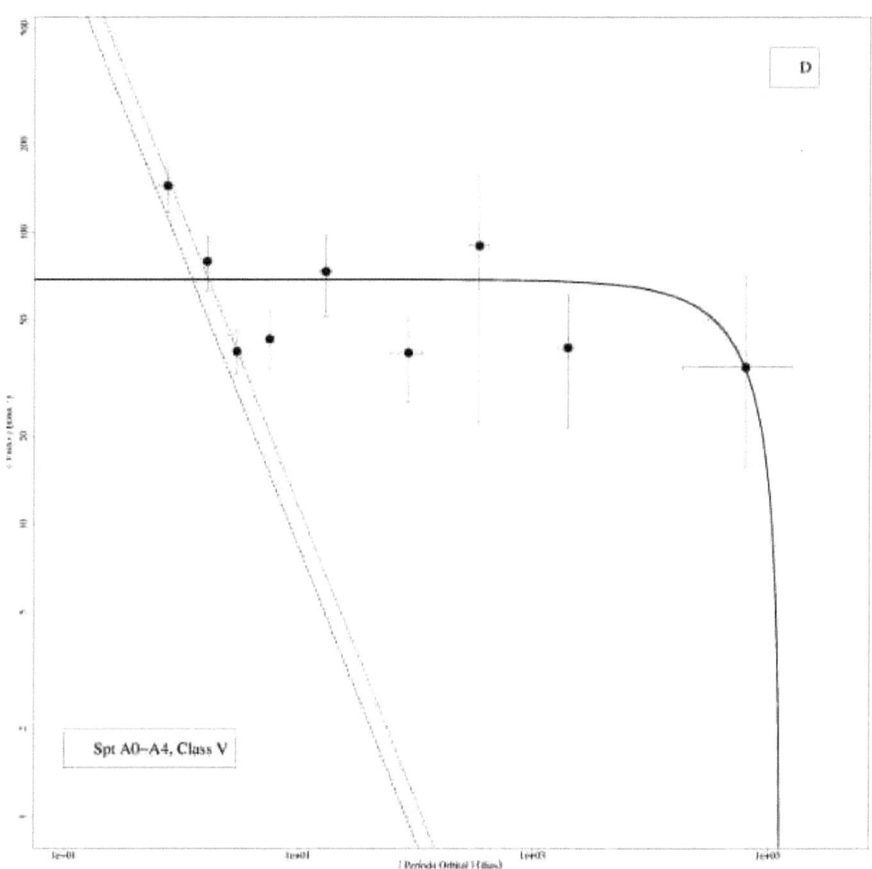

D
Spt A0–A4, Class V
Periods Orbital (days)

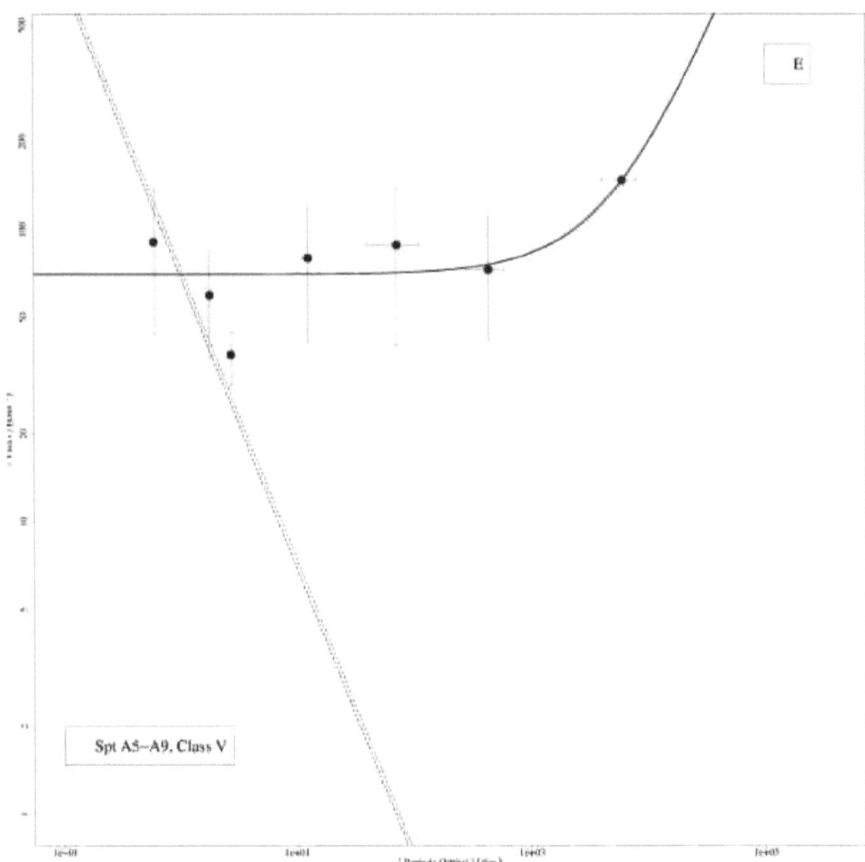

Figura 3.1: Velocidade de rotação *V sin i,* com período orbital para estrelas da sequência média e dos tipos espectrais O, B e A. As linhas limitam a região onde os sistemas estão sincronizados. Os erros foram calculados pelo método bootstrap e são indicados intervalos de confiança de 95% para os dados.

Com uma boa aproximação, um sistema binário pode ser considerado um sistema isolado porque as outras estrelas não estão suficientemente próximas para que haja interações físicas significativas. Por conseguinte, *o momento* angular neste sistema é preservado. À medida que a estrela secundária se aproxima da primária, devido à atração gravitacional, o raio orbital diminui, ou seja, a estrela secundária perde *momento* angular, mas a estrela primária ganha esse *momento*, aumentando a sua rotação, pelo que o *momento* se mantém constante no sistema.

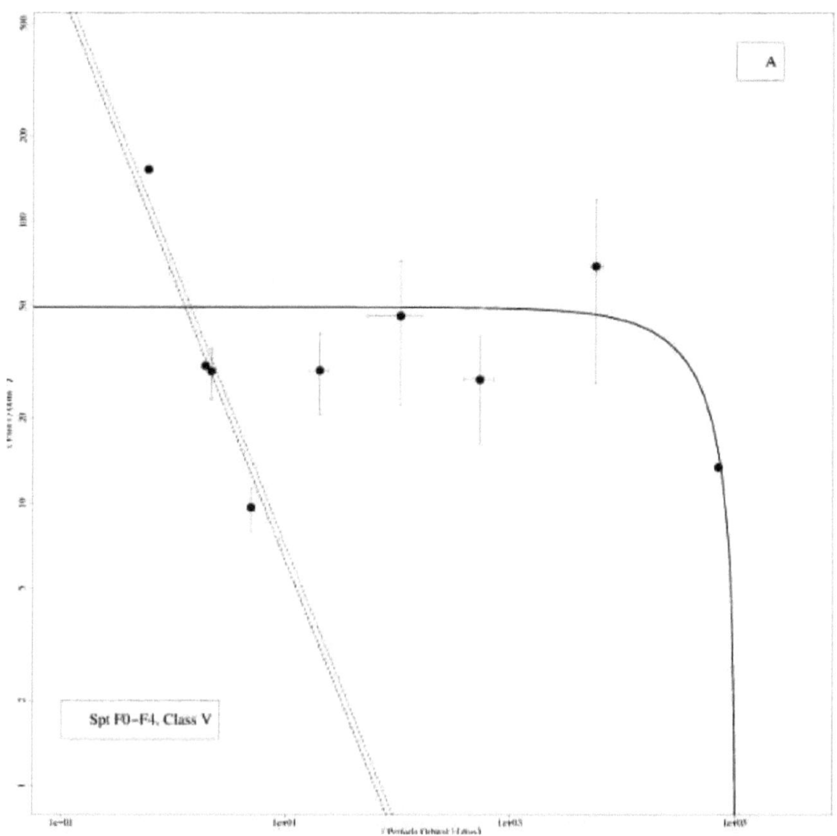
A
Spt F0-F4, Class V

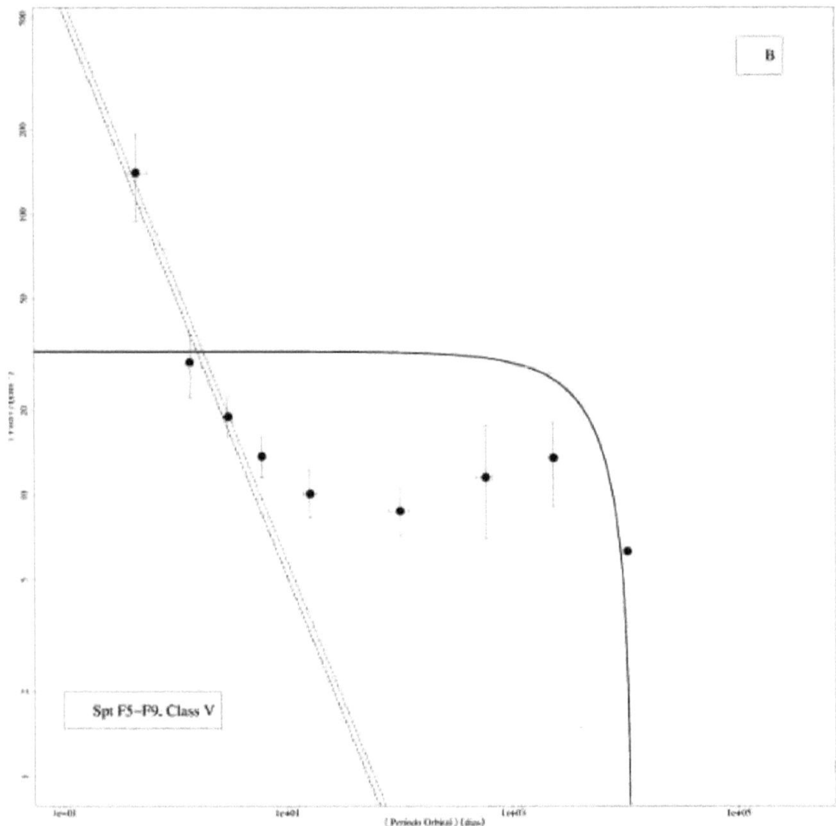

B
Spt F5-F9. Class V
(Periodo Orbital) (dias)

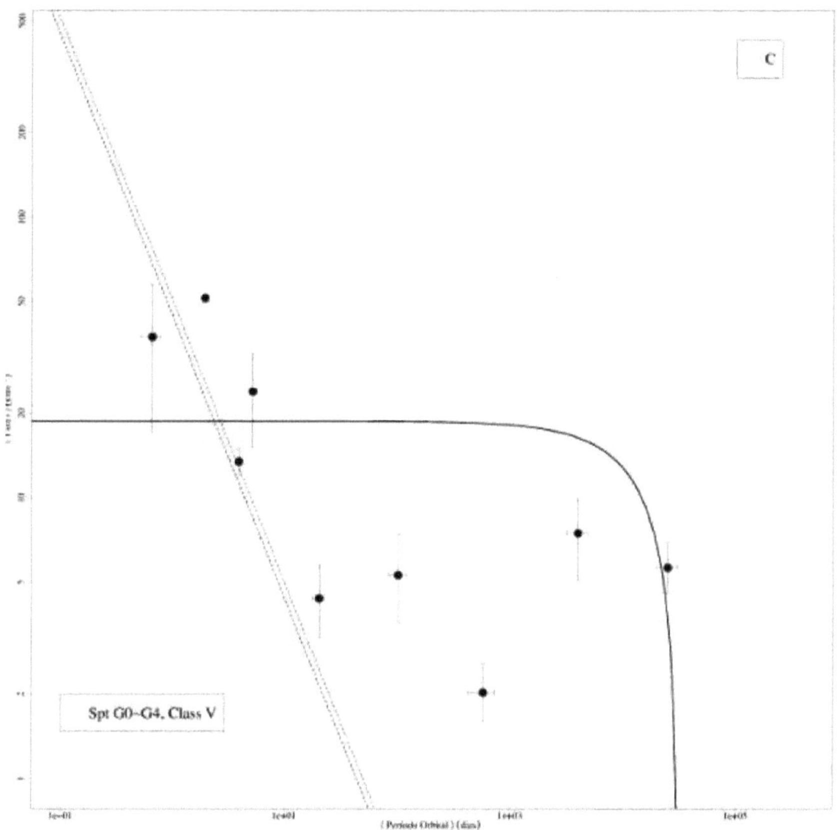

C
Spt G0~G4, Class V
(Periods Orbital) (dias)

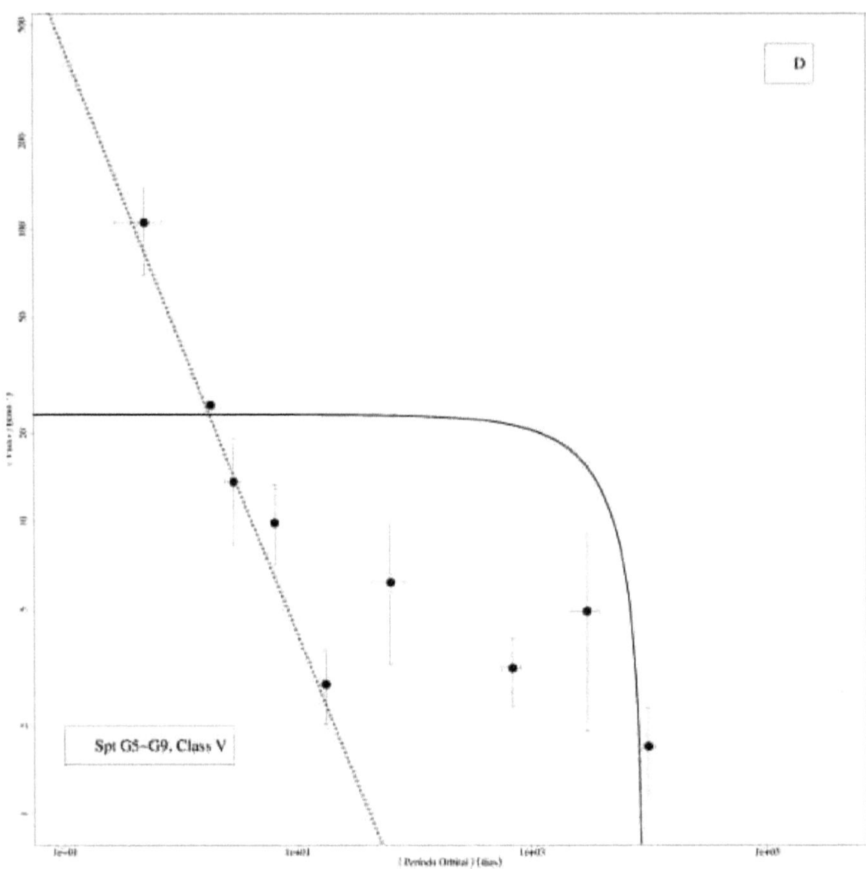

D
Spt G5~G9, Class V
(Período Orbital) (días)

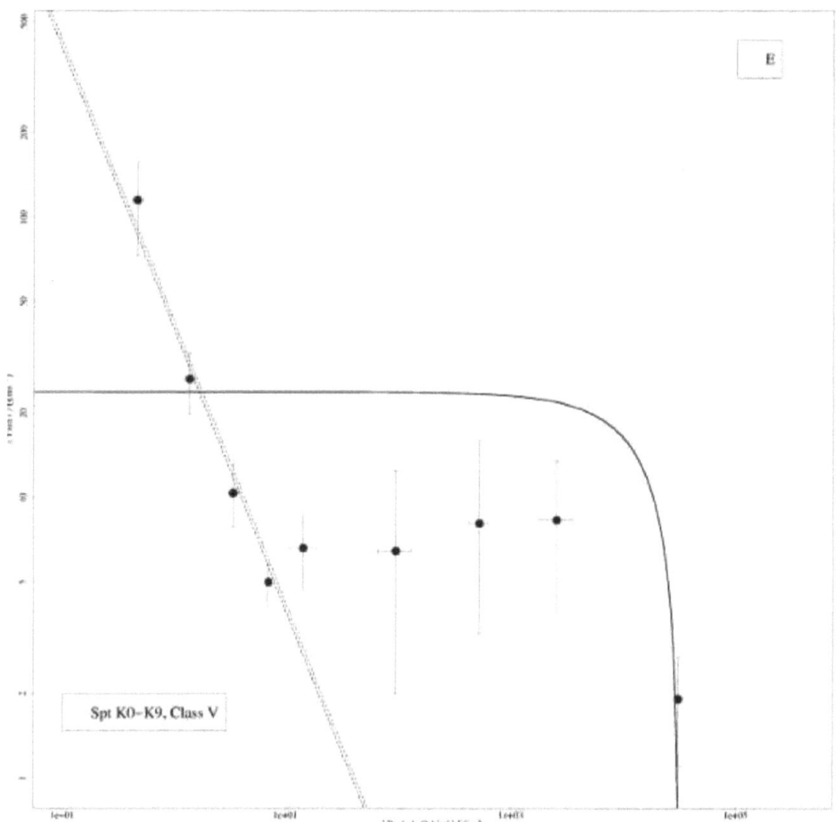

Figura 3.2: Velocidade de rotação *V sin i,* com período orbital para estrelas da sequência média e dos tipos espectrais F, G e K. As linhas limitam a região onde os sistemas estão sincronizados. Os erros foram calculados pelo método bootstrap e são indicados intervalos de confiança de 95% para os dados.

A figura 3.2 mostra o comportamento das estrelas de sequência média do tipo tardio. Em geral os períodos de sincronização ainda são curtos. O comportamento dos sistemas binários nesta figura está de acordo com os resultados teóricos de Zahn [30] e observacionais de Abt & Boonyarak [31]. Zahn [30] encontra estrelas F0-F5 com cerca de 1,21 dias de sincronização (ver tabela 1.1) e Abt & Boonyarak [31] encontram estrelas F0 sincronizadas com cerca de 3,02 dias. Os gráficos A e B mostram Pc entre 3 e 4,9 dias (ver tabela 3.1), estes valores são da mesma ordem dos valores encontrados na literatura [30][31]. Em C, as estrelas G atingem a sincronização com períodos inferiores a 3,8 dias. Em D observamos os sistemas G5-G9 com períodos de corte em torno de 18 dias. Este resultado está de acordo com o modelo de marés de Zahn [30], o modelo prevê um período até 30 dias para estrelas G de sequência média. Nas estrelas G de tipo tardio e nas estrelas K temos mais grupos sincronizados. As estrelas K também são sincronizadas com períodos curtos (cerca de 6,89 dias). Este aspeto parece ser uma grande evidência do modelo de Zahn, pois nestes tipos espectrais as estrelas têm um envelope convectivo extenso. Notamos, mais uma vez, que nas faixas de sincronização há uma anti-correlação entre velocidade e período. Para os tipos tardios F, as estrelas não sincronizadas mostram uma anti-correlação semelhante à observada para as estrelas sincronizadas, com exceção do oitavo grupo.

As figuras 3.3 e 3.4 mostram estrelas evoluídas, subgigantes (classe IV) e gigantes (classe III). Observamos que as estrelas sincronizam com períodos curtos, variando de 1,46 a 5,56 dias. Estes valores também estão próximos dos resultados de Abt & Bonnyarak [31].

Embora a velocidade de rotação não introduza variações significativas nas estrelas sincronizadas, existe também uma anti-correlação entre o período orbital e a velocidade de rotação, exceto nas estrelas tardias do tipo espetral A. Isto pode ser verificado na tabela 3.2, onde observamos valores de anti-correlação para todos os tipos espectrais, exceto A5-A9. Os detalhes da tabela 3.2 serão discutidos nas próximas páginas. Para estrelas fora da faixa de sincronização as estrelas ainda apresentam valores próximos de *V sin i,* com exceção de dois grupos dos tipos espectrais B0-B4, um grupo em A0-A4 e dois grupos em A5- A9. Mas esta pequena variação de V sin i para os tipos espectrais não surpreende, pois as velocidades não foram influenciadas pelo processo de sincronização.

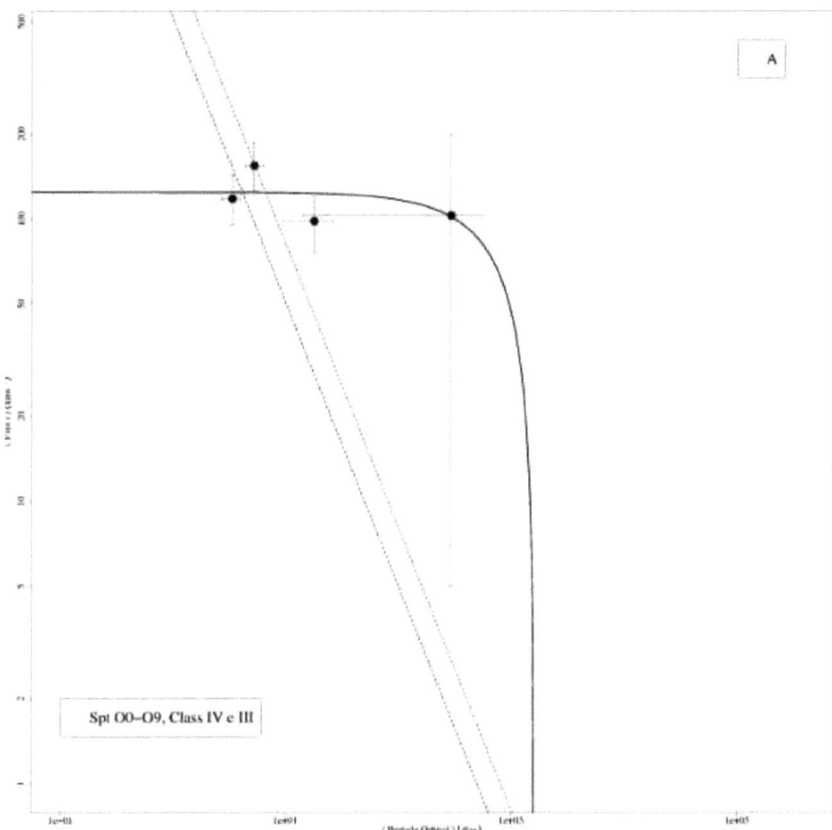
A
Spt O0-O9, Class IV e III

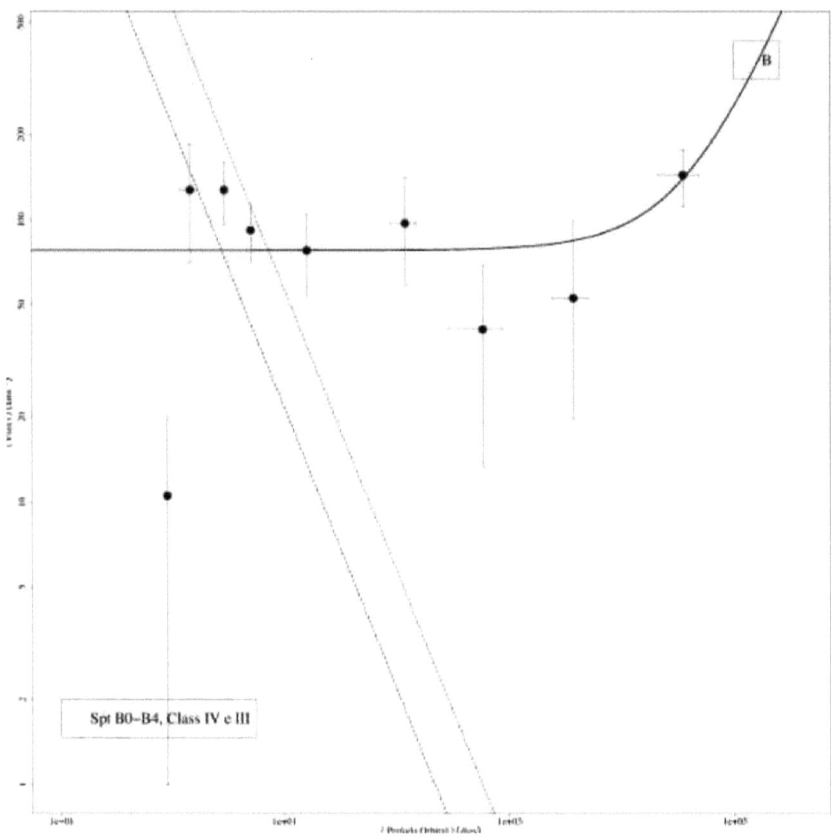

B
Spt B0–B4, Class IV e III

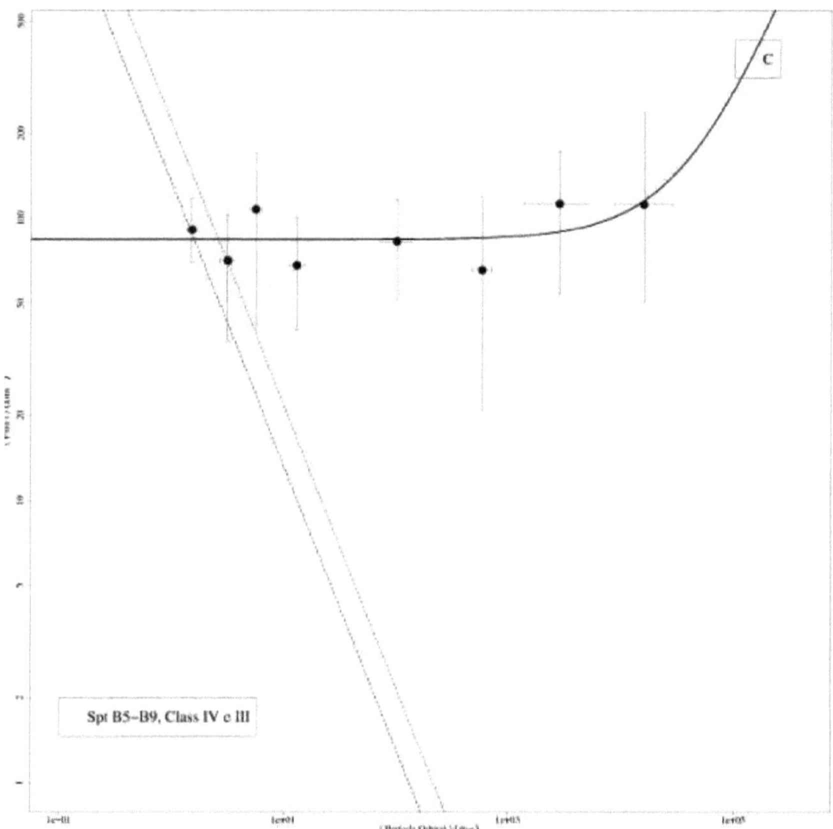

C
Spt B5-B9, Class IV e III

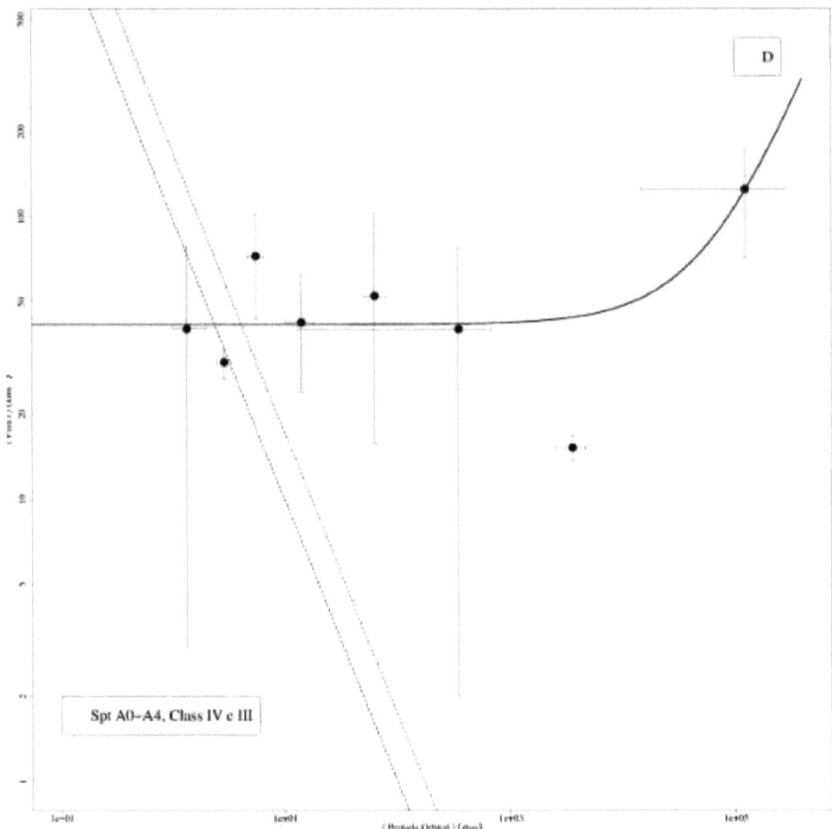

34

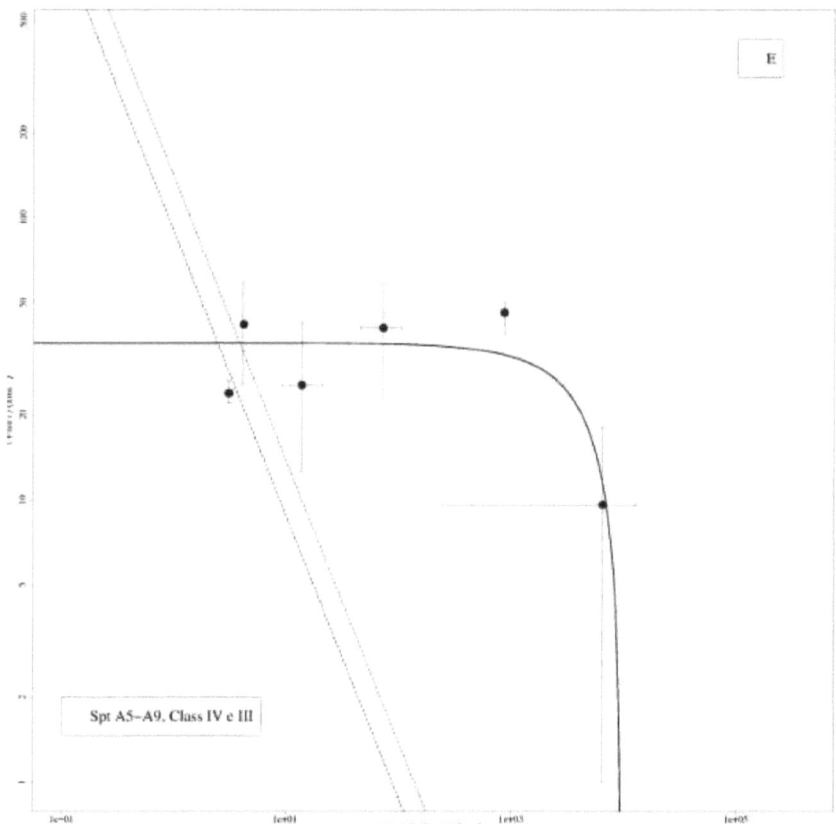

Figura 3.3: Velocidade de rotação *V sin i,* com período orbital para estrelas subgigantes e gigantes e os tipos espectrais O, B e A. As linhas limitam a região onde os sistemas estão sincronizados. Os erros foram calculados pelo método bootstrap e são indicados intervalos de confiança de 95% para os dados.

Além disso, nas estrelas primitivas do tipo espetral B temos um sistema com período curto não sincronizado e sua velocidade de rotação é baixa também em relação às outras estrelas do gráfico. Este grupo tem apenas um sistema, então não podemos fazer afirmações sobre o comportamento deste grupo, precisamos de um estudo mais detalhado. Mas este grupo é circularizado, o tempo de sincronização é menor que o tempo de circularização, podemos afirmar que este sistema é sincronizado. O desvio do intervalo de sincronização pode estar relacionado com a classificação espetral inadequada, o que resulta numa subestimação do raio, ou numa baixa inclinação do eixo de rotação, que diminui o valor de V sin i.

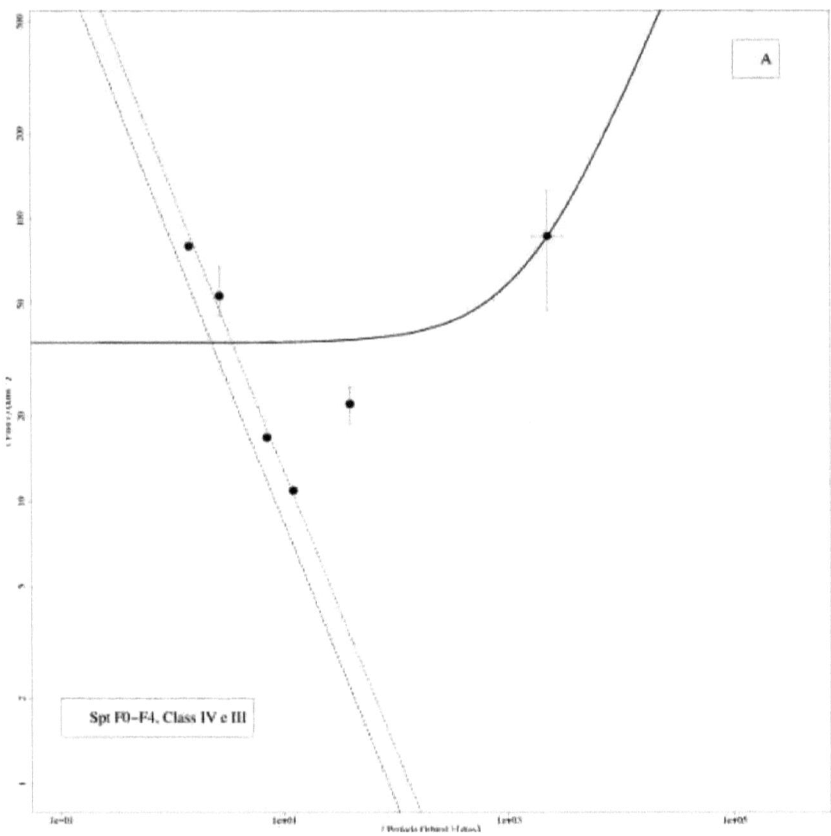
A
Spt F0-F4, Class IV e III
1e-01
1e+01
1e+03
1e+05

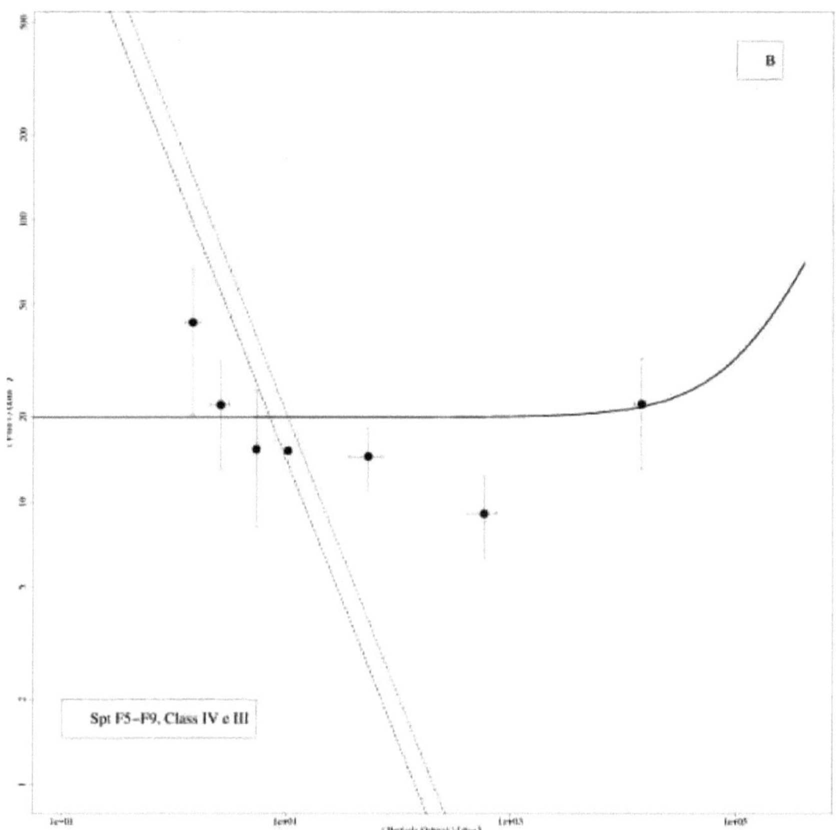

B
Spt F5-F9, Class IV e III

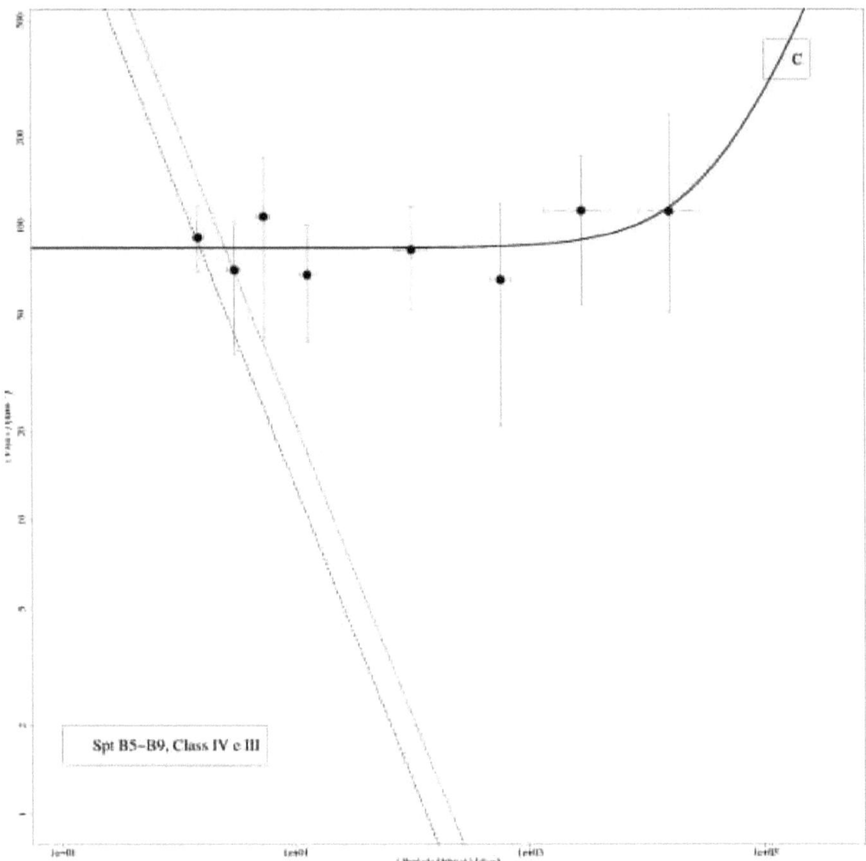

38

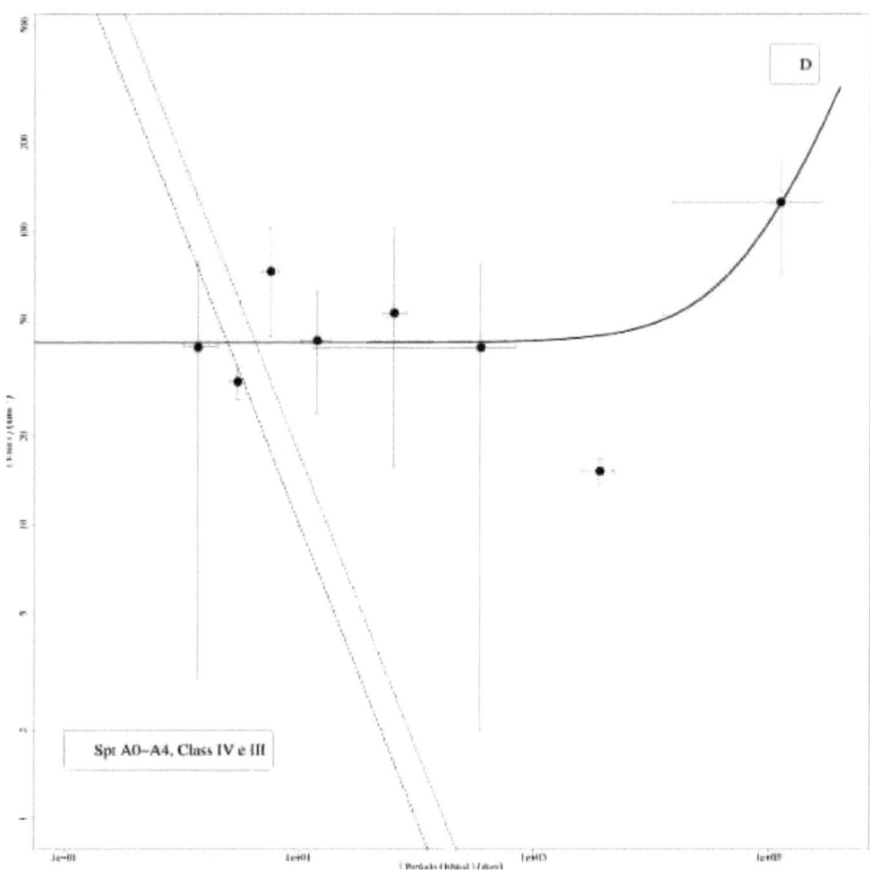

D
Spt A0–A4, Class IV e III

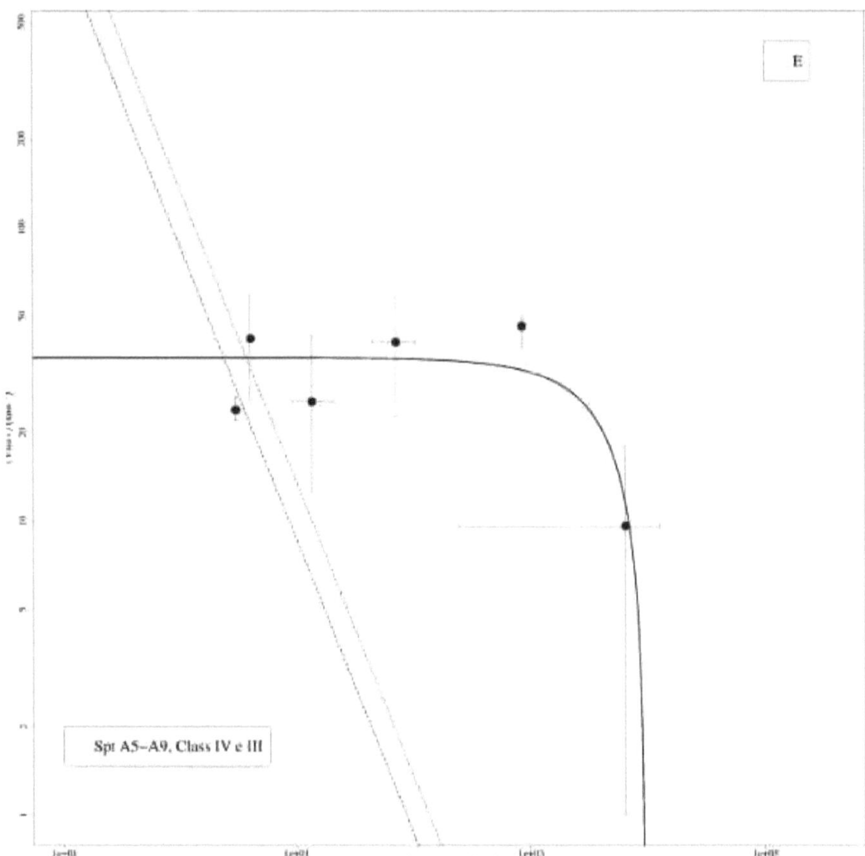

Figura 3.4: Velocidade de rotação *V sin i,* com o período orbital para estrelas subgigantes e gigantes e os tipos espectrais F, G e K. As linhas limitam a região onde os sistemas estão sincronizados. Os erros foram calculados pelo método bootstrap e são indicados intervalos de confiança de 95% para os dados.

Na figura 3.4 as primeiras estrelas F e G são mostradas sincronizadas com períodos orbitais curtos, mas o intervalo de período das estrelas sincronizadas é maior, aproximadamente 12 dias para F e 100 dias para G. Já no tipo tardio, os primeiros grupos com período acima de 100 dias também podem estar na faixa de sincronização, como o grupo com período de cerca de 460 dias para as estrelas G e 580 dias para as estrelas K. Este é um aumento muito significativo quando comparamos com as estrelas da sequência média. Massarotti [40] também encontra binários de gigantes com períodos entre 30 e 120 dias. Este aumento no período de sincronização pode ser explicado devido ao facto de as estrelas já terem o envelope convectivo muito evoluído, pelo que o mecanismo de fricção viscosa se torna muito eficiente nestas estrelas, levando à sincronização até aos sistemas com períodos orbitais longos.

Nos gráficos das estrelas gigantes e subgigantes observamos grupos de binárias antes da faixa de sincronização e, pela primeira vez, a seqüência de estrelas sincronizadas em interrupção, como vemos nas estrelas K. Mas os sistemas deste grupo também são circularizados e o facto destas estrelas não estarem na faixa de sincronização deve ser devido à classificação espetral inadequada que resulta numa subestimação do raio, ou uma baixa inclinação do eixo rotacional, que diminui o valor de *V sin i*. *Vemos* nos gráficos acima, que a maioria das estrelas sincronizadas tem uma anti-correlação entre período orbital e velocidade rotacional projectada. A tabela 3.2, de uma forma geral, afirma esta observação.

3.1.1 Relação entre o período de sincronização e o tipo de espetro

A tabela 3.1 mostra o período de corte calculado em todos os tipos espectrais. A primeira coluna mostra os tipos espectrais, a segunda mostra o período de corte em cada tipo espetral que foi determinado por gráficos pelo último grupo de sistemas binários no intervalo de sincronização. A terceira e quarta colunas mostram respetivamente os valores da excentricidade e da velocidade de rotação neste grupo. Os sistemas estão separados por classe de luminosidade (estrelas evoluídas e não evoluídas).

Tipo de espetro	Classe V			Classe IV e III		
	P_c (d)	Ecc	V sin i (km/s)	P_c (d)	Ecc	V sin i (km/s)
O 0-9	5,5	0,27	106	5,1	0,27	154
B 0-4	2,8	0,09	131	5,1	0,31	92
B 5-9	1,6	0,14	147	3,1	0,14	70
A 0-4	2,9	0,08	39	2,9	0,29	30
A 5-9	2,7	0,06	37	4,1	0	42
F 0-4	4,9	0,02	9	12,2	0,32	11
F 5-9	3,0	0,01	19	53,4	0,30	14
G 0-4	3,8	0,01	13	100,7	0,27	8
G 5-9	17,5	0,24	2	462,7	0,08	14
K 0-9	6,89	0,1	5	582,9	0,25	3

Tabela 3.1: Período de corte por tipo espetral e respectivos valores de rotação e excentricidade.

A velocidade de corte (velocidade correspondente ao período de corte) para estrelas da sequência média em geral diminui de acordo com o tipo espetral [18]. As estrelas frias (começando no tipo espetral F5) giram tipicamente mais devagar com V sin i < *10km/s.* As estrelas quentes giram em média com velocidades maiores que 100km/s. Esta diferença deve-se ao facto das estrelas frias sofrerem uma travagem rotacional por um vento estelar magneticamente acoplado que retira *momento* angular que diminui a rotação estelar [41][42][43]. A travagem magnética pressupõe a existência de um envelope convectivo na estrela, que mantém o dínamo estelar responsável pela geração do campo magnético [44].

Para estrelas gigantes, as observações feitas por Gray [45] afirmam a existência da travagem rotacional para G0-G3. A tabela 3.1 afirma este resultado, mas observamos uma aparente queda da rotação em F0.

Classificação	Prob	ρ	Classificação	Prob	ρ
O0-K9 V	0.1043	0.5	O0-K9 IV e III	0.0052	0.8
O0-A9 V	0.4500	-0.5	O0-A9 IV e III	0.2189	-0.6
F0-K9 V	0.3500	0.6	F0-K9 IV e III	0.0167	1.0

Tabela 3.2: Correlação entre o período de corte e o tipo espetral.

A tabela 3.2 mostra os valores de probabilidade e ρ entre os tipos espectrais e os períodos de corte. Estes dados de correlação foram obtidos utilizando o teste de correlação de Spearman, que é um teste estatístico não paramétrico, e que não pressupõe um modelo ou uma hipótese sobre a distribuição da população. Este teste é utilizado para estimar uma classificação baseada na associação: as probabilidades e os valores ρ são calculados. Quanto mais próximo de 1 for o módulo de ρ, melhor será a correlação (para ρ positivo) ou a anti-correlação (para ρ negativo).

A primeira linha da tabela mostra os valores para todos os tipos espectrais, separados apenas por classe de luminosidade. As demais linhas mostram os valores de correlação para os mesmos tipos espectrais, mas agora separados em subgrupos. Observamos que o valor de ρ apresenta uma correlação entre período de corte e tipo espetral, sendo que este valor é melhor para estrelas evoluídas. Nas linhas seguintes com os subgrupos, observamos que desde O0 a A9 existe uma anti-correlação e desde F0 a K9, uma correlação, tal como observado na primeira linha, sendo este aumento para estrelas evoluídas. Note-se que o subgrupo F0-K9 para estrelas evoluídas com $\rho = 1$ representa uma correlação perfeita, o valor da probabilidade, no entanto, é muito baixo, indicando que esta correlação não é real. Mathieu e Mazeh [33] afirmam que o período de corte deve ser usado para datar as binárias, porque é proporcional à idade da estrela.

3.1.2 Relação entre os períodos de rotação e orbital

A tabela 3.3 apresenta os dados de correlação entre o período orbital e a velocidade de rotação. Na primeira coluna estão os tipos espectrais separados como os gráficos. Na coluna 2 e 3 temos, respetivamente, os valores de probabilidade e os valores de ρ.

Estes dados de correlação foram obtidos através do teste de correlação de Spearman.

	Classe V		Classe IV e III	
Tipo de espetro	Prob	ρ	Prob	ρ
O 0-9	0.2417	-0.6	0,4167	-0.6
B 0-4	0,2992	-0,4	0,7081	+0,1
B 5-9	0,1966	-0,5	0,4618	+0,3
A 0-4	0,1206	-0,5	0,7520	+0,1
A 5-9	0,4976	+0,3	1	0
F 0-4	0,4366	-0,3	1	0
F 5-9	0,0060	-0,8	0,3024	-0,4
G 0-4	0,0432	-0,7	0,0138	-0,8
G 5-9	0,0030	-0,8	0,0045	-0,9
K 0-9	0,0503	-0,7	0,0011	-0,9

tabela 3.3: Correlação entre período orbital e rotação para estrelas evoluídas e não evoluídas.

Considerando que os valores $|\rho| > 0,5$ são valores significativos de correlação, observamos que para as estrelas da sequência média existe uma boa anti-correlação entre período e rotação no tipo espetral O e desde F5 a K9 e para as estrelas gigantes e subgigantes observamos também uma anti-correlação para os tipos espectrais O e desde G0 a K9.

3.2 Excentricidade e período orbital

As figuras 3.4 e 3.6 mostram a relação entre a excentricidade e o período orbital. Os sistemas foram separados da mesma forma que nas figuras 3.1 e 3.2 e ambos os eixos estão em escala logarítmica. A linha horizontal indica a excentricidade de corte tomada como igual a 0,1, a linha vertical indica o período de corte para a sincronização em cada tipo espetral, como mostrado na tabela 3.1, de modo que os sistemas dos grupos que estão no terceiro quadrante dos gráficos serão considerados como sincronizados e circularizados. Os binários com excentricidade igual a zero foram considerados como 0,01 para que possam ser analisados nos gráficos ainda os eixos estão em logaritmo.

Considerando primeiramente os sistemas contendo estrelas precoces V, observamos grupos de SBs circularizados e sincronizados. De acordo com Zahn (ver equações 8 e 9 em [30]), o tempo de sincronização é menor que o tempo de circularização, ou seja, as estrelas circularizadas já atingem a sincronização entre o período orbital e rotacional. Isto pode ser notado se calcularmos a razão entre esta escala de tempo, de acordo com as equações 1.14 e 1.15 da secção 1.5 temos:

$$\frac{t_{sync}}{t_{circ}} = \frac{21}{12}\frac{(1+q)}{q}\left(\frac{I}{MR^2}\right)\left(\frac{R}{a}\right)^2 \tag{3.2}$$

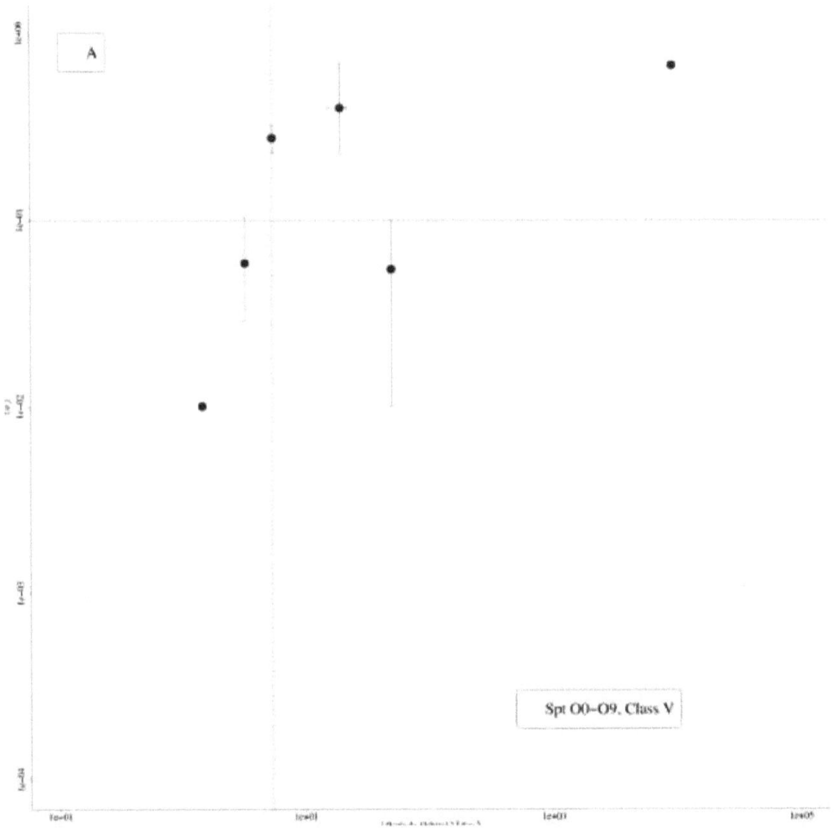

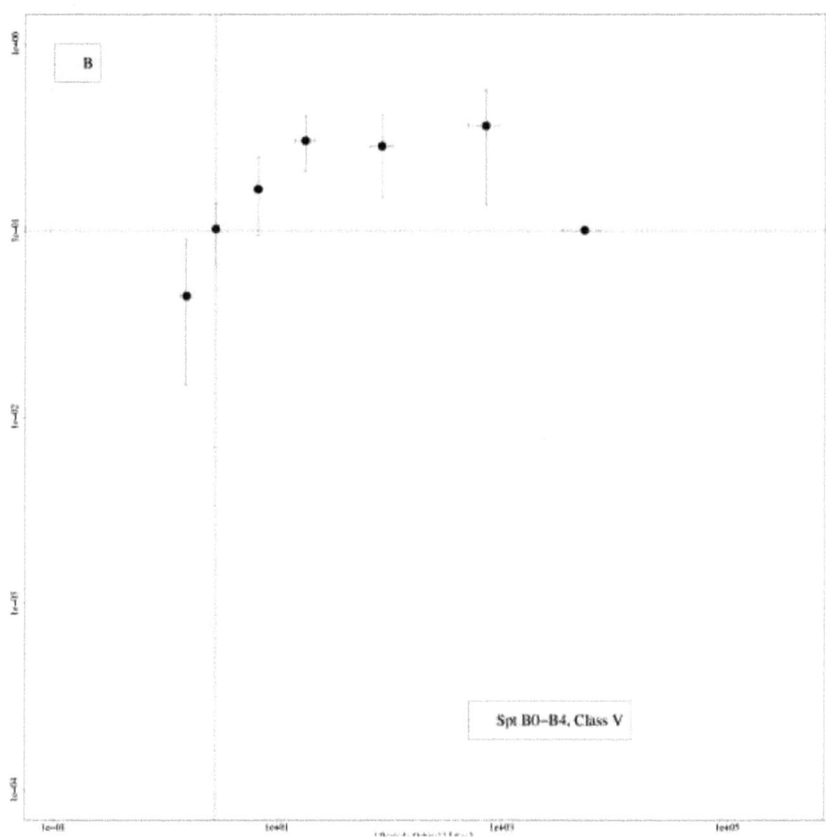
B
Spt B0–B4, Class V

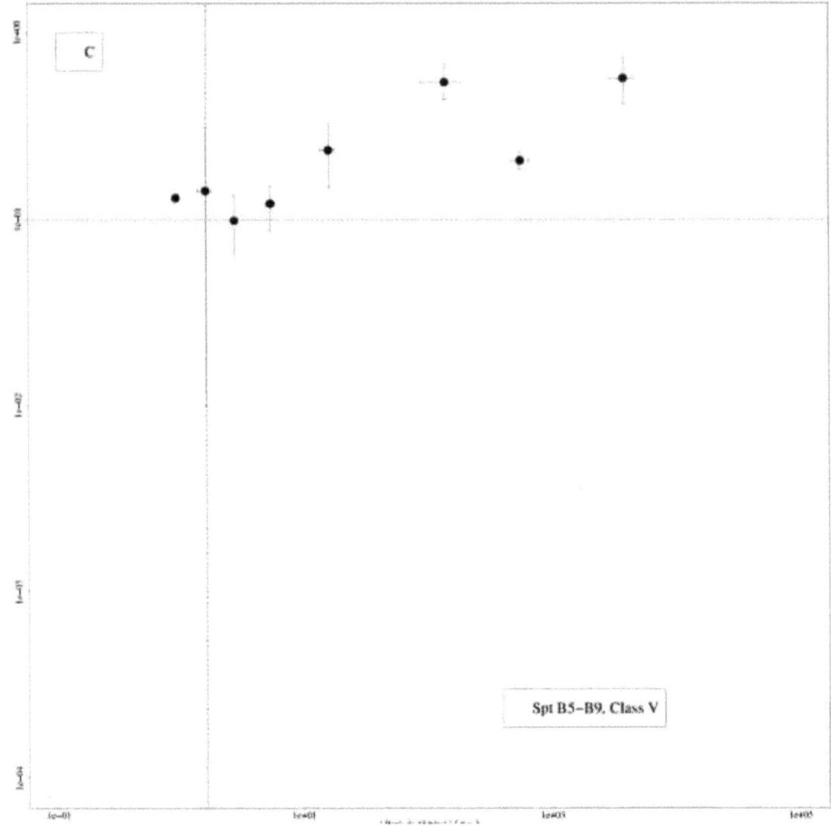

C
Spt B5–B9, Class V

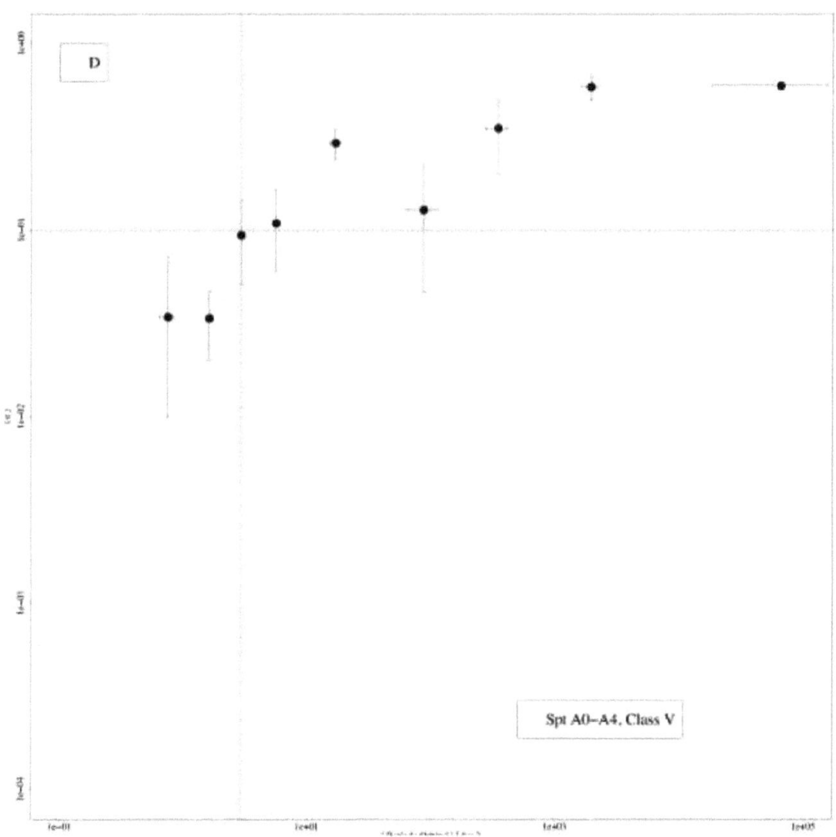

D
Spt A0-A4, Class V

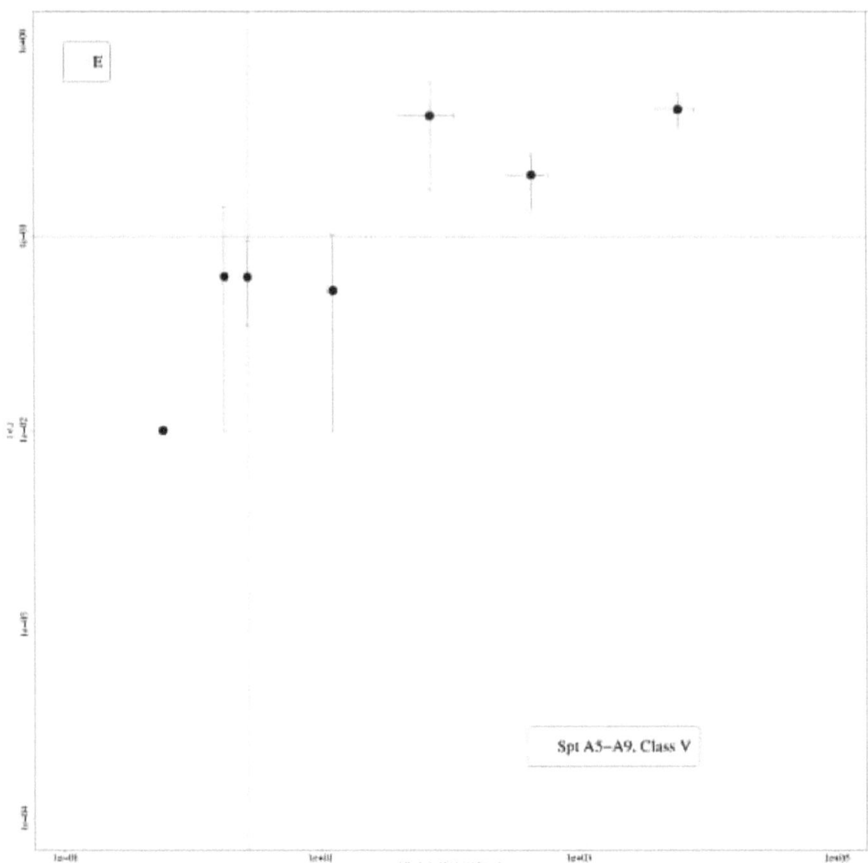

Figura 3.5: Excentricidade em função do período orbital para os tipos espectrais O, B e A, a partir da sequência média. Os erros foram calculados pelo método bootstrap e são indicados intervalos de confiança de 95% para os dados.

A grande diferença entre as escalas de tempo é a disparidade do momento de inércia, para a órbita, em torno de Ma2 e para a estrela $I < MR^2$ [29]. Analisando cada fração acima, vemos que a primeira e a segunda são maiores que 1 e a terceira e a quarta são menores que 1, mas a diferença significativa está em $(R/a)^2$ onde a é o semi-eixo maior orbital, enquanto que R é o raio da estrela então $R < a$, além disso a equação 3.2 prevê este termo elevado por um fator 2.

Nas figuras 3.5 e 3.6 observamos que alguns grupos são aparentemente circularizados mas não sincronizados. Para além do que já foi dito na secção 3.1, é possível que neste grupo se encontrem sistemas que sincronizam com períodos mais longos, acima do período de corte típico.

Quando as binárias têm um período médio longo, aparentemente não existe uma relação entre período e excentricidade. Por outro lado, se os períodos são curtos (aproximadamente entre 1 e 5 dias) então é provável que as estrelas estejam mais próximas da circularização [46]. Por exemplo, as estrelas da sequência média O, B0-B4 e A0-A4 circularizam com períodos inferiores a quatro dias, as estrelas A5-A9 circularizam com períodos inferiores a dois dias.

De acordo com a tabela 1.1 as estrelas B devem apresentar órbitas circulares com períodos de aproximadamente 1,33 dias e as estrelas A com períodos menores que 1 dia. Abt [46] também encontra sistemas binários circularizados com períodos entre um e três dias. Isto também é observado na figura 3.5.

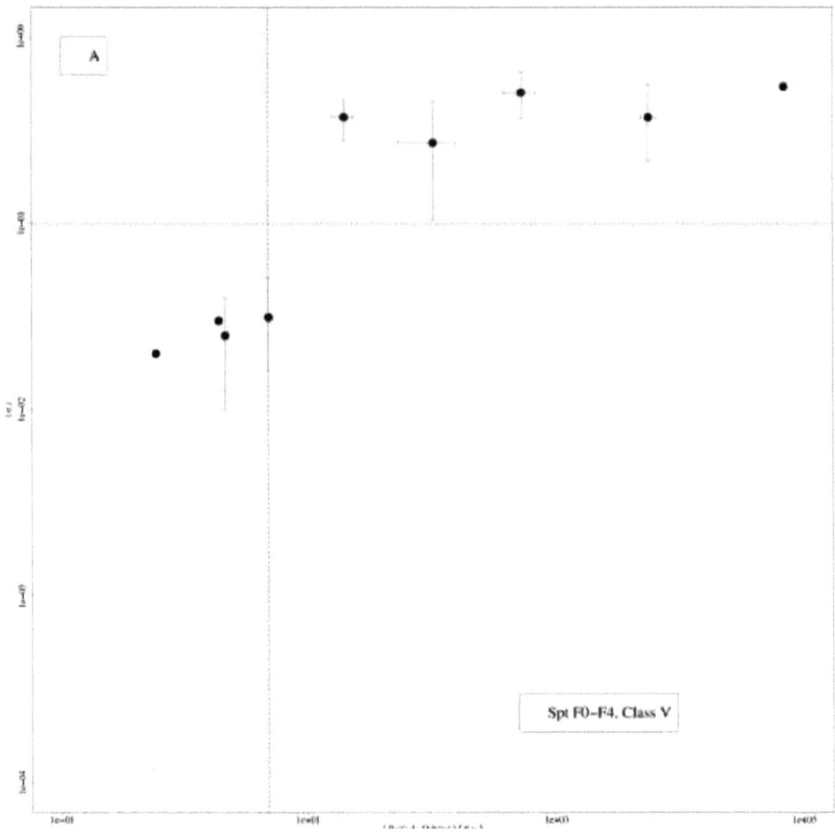
A
Spt F0-F4, Class V

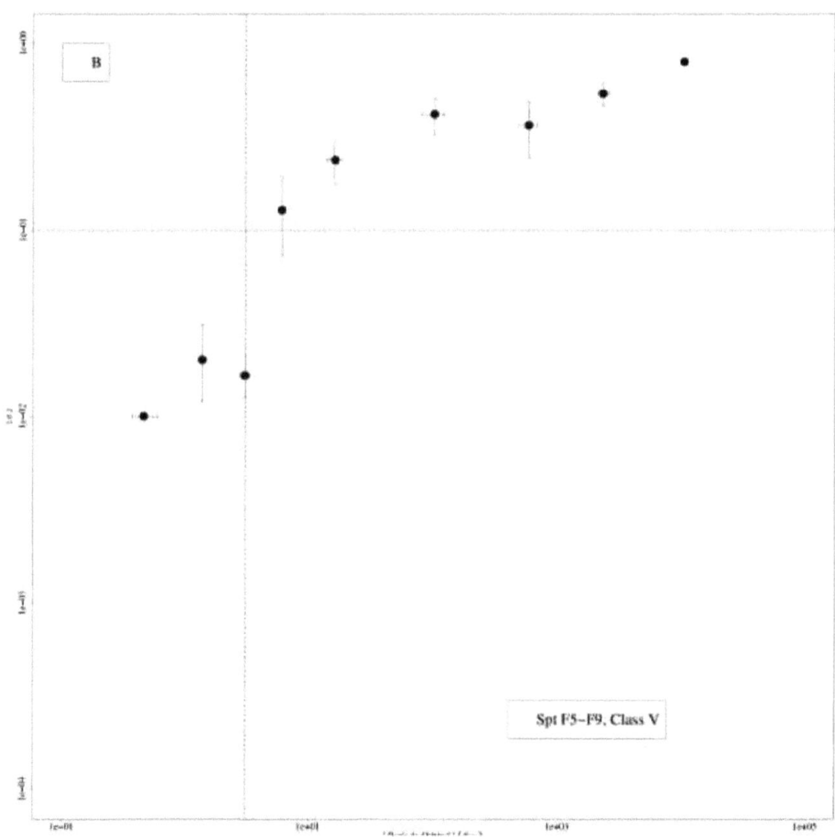

B
Spt F5-F9, Class V

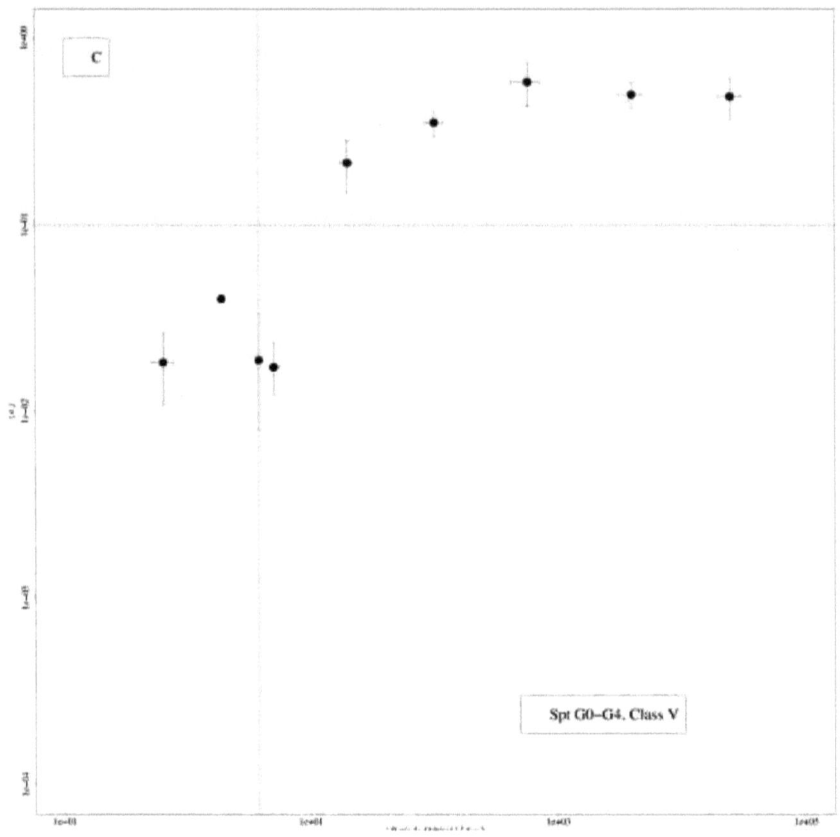
C
Spt G0–G4, Class V

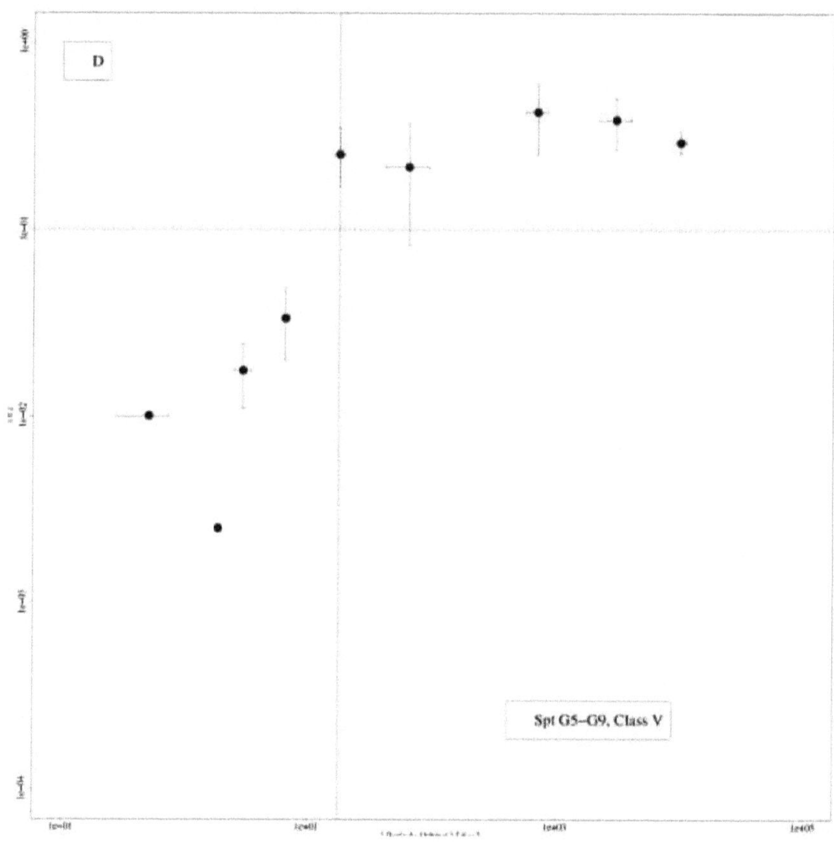

D
Spt G5–G9, Class V

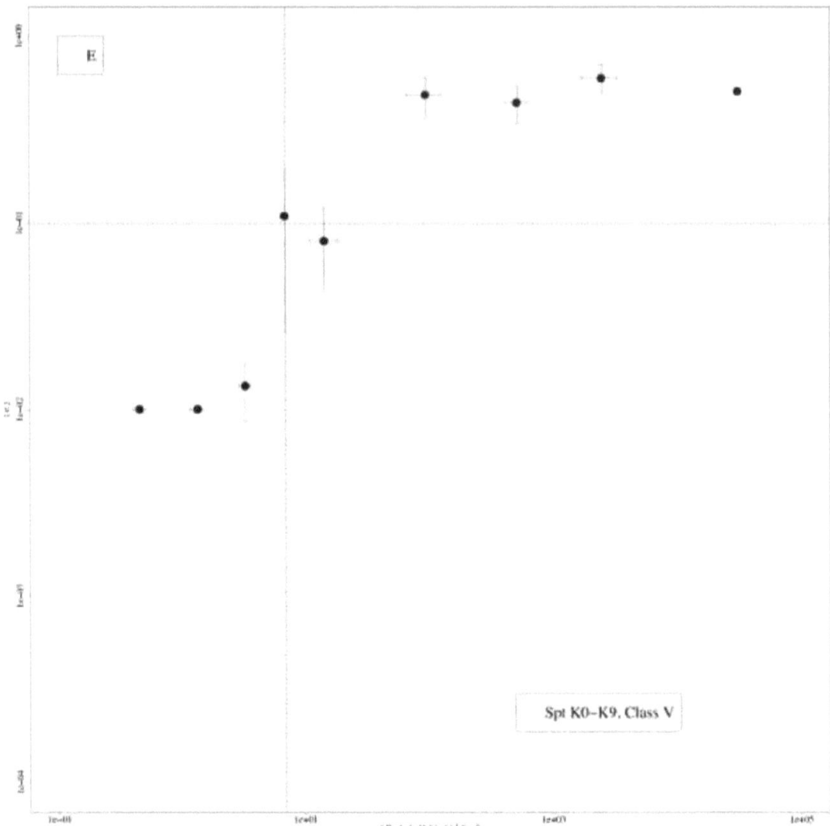

Figura 3.6: Excentricidade em função do período orbital para os tipos espectrais F, G e K, a partir da sequência média. Os erros foram calculados pelo método bootstrap e indicam intervalos de confiança de 95% para os dados.

A figura 3.6 mostra os sistemas com estrelas dos tipos espectrais F, G e K. Observamos que os sistemas contendo estrelas F circularizam com períodos menores que oito dias, enquanto as estrelas G circularizam com períodos menores que quatro dias, e para as estrelas K a circularização acontece por períodos até cerca de 14 dias. Estes valores estão de acordo com a teoria de marés de Zahn [30] que prevê que os sistemas contendo as estrelas F5 com período menor que um dia são circularizados. Para sistemas com estrelas F8, o período de circularização é de aproximadamente 5,6 dias. É importante citar que para binários F, Abt [46] encontrou valores para períodos de circularização menores que dois dias e para sistemas entre os tipos espectrais G e M, os períodos de circularização encontrados foram menores que cinco dias. Os resultados de Abt [46] mostram também que a partir do tipo espetral F0 para binários com período orbital maior que 105 dias todas as excentricidades são igualmente prováveis. De acordo com [46], os sistemas com períodos entre 32 e 100 dias não apresentam excentricidades superiores a 0.8; os sistemas com períodos entre 10 e 32 dias não apresentam excentricidades superiores a 0.7 e os sistemas com períodos entre 3.2 e 10 dias não apresentam excentricidades superiores a 0.3. Os nossos resultados parecem limitar estes intervalos, ou seja, para períodos entre 32 e 100 dias os binários apresentam excentricidades inferiores a 0,53, para períodos entre 10 e 32 dias os binários apresentam excentricidades inferiores a 0,4 e para períodos entre 3,2 e 10 dias todas as excentricidades têm valores inferiores a 0,27.

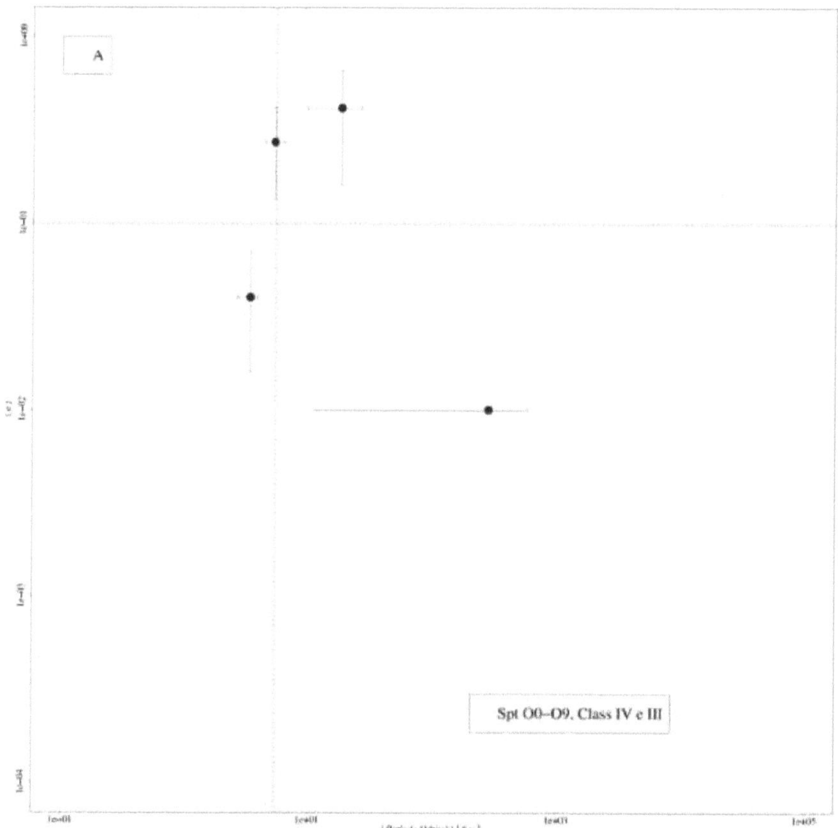

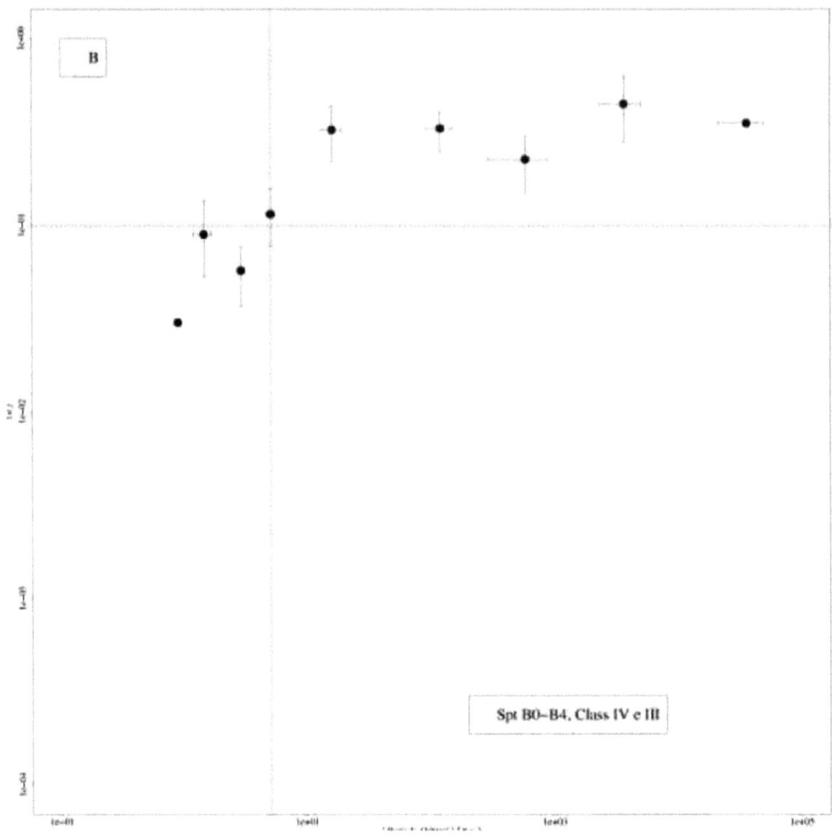

B
Spt B0-B4, Class IV e III

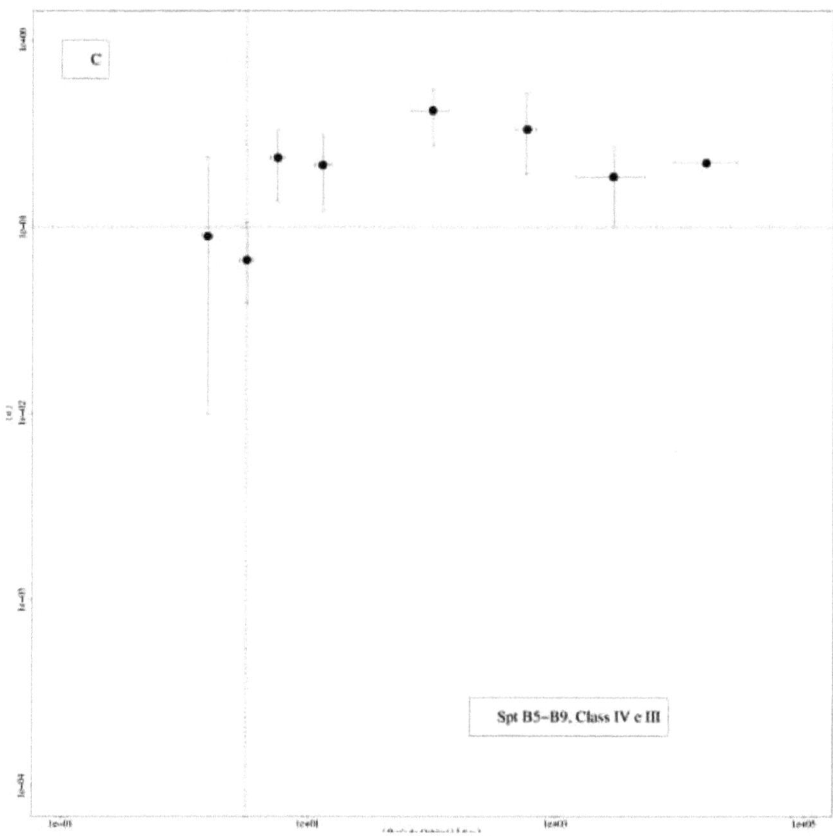

C
Spt B5-B9. Class IV e III

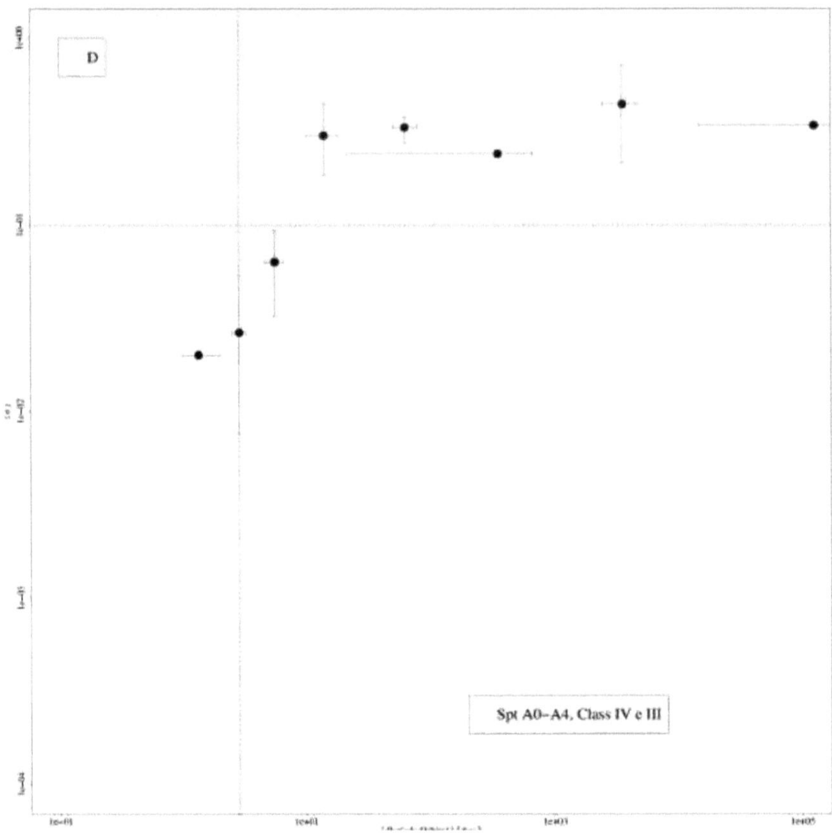

D
Spt A0–A4, Class IV e III

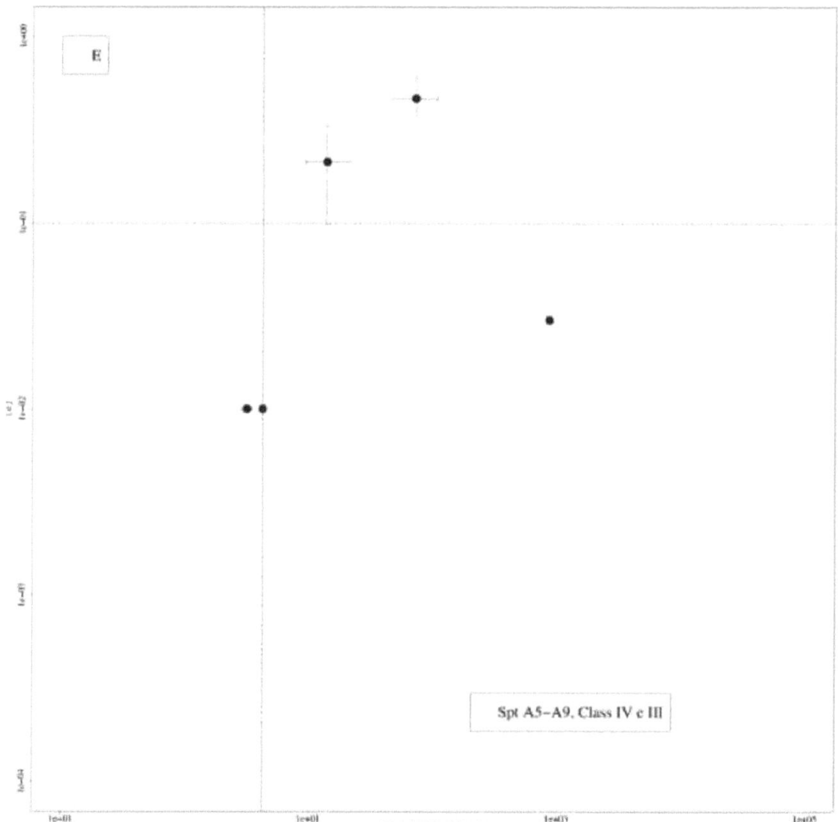

Figura 3.7: Excentricidade em função do período orbital para os tipos espectrais O, B e A, subgigantes e gigantes. Os erros foram calculados pelo método bootstrap e são indicados intervalos de confiança de 95% para os dados.

As figuras 3.7 e 3.8 apresentam a distribuição em função do período para os SBs contendo estrela evoluída. Observamos os sistemas binários evoluídos do tipo espetral O circularem com período menor que quatro dias, os binários dos tipos espectrais B0-B4 e A0-A4 circularem com períodos menores que oito dias e os binários do tipo espetral B5-B9 com períodos menores quatro dias. Exceptuando o painel B e C observamos ainda grupos contendo SBs circularizados e não circularizados. Para os sistemas com tipo espetral O, por outro lado, as estrelas estão apenas sincronizadas ou circularizadas ou circularizadas e sincronizadas, ou ainda em nenhuma das duas situações, e este comportamento é normal como previsto pela teoria das marés [30].

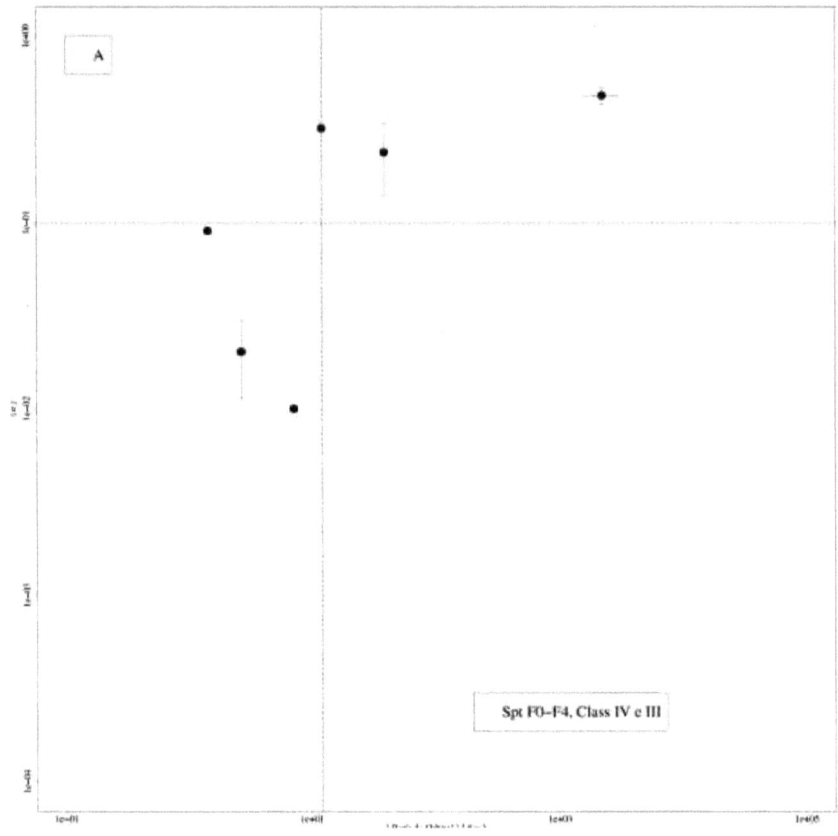

A
Spt F0-F4, Class IV e III

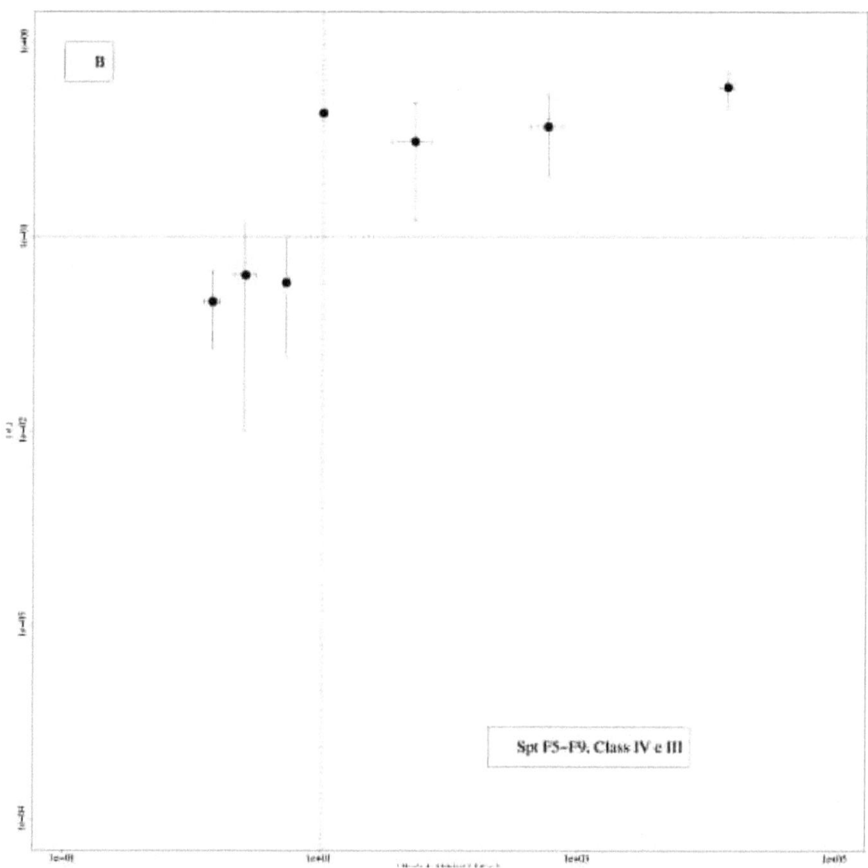

B
Spt F5-F9, Class IV e III

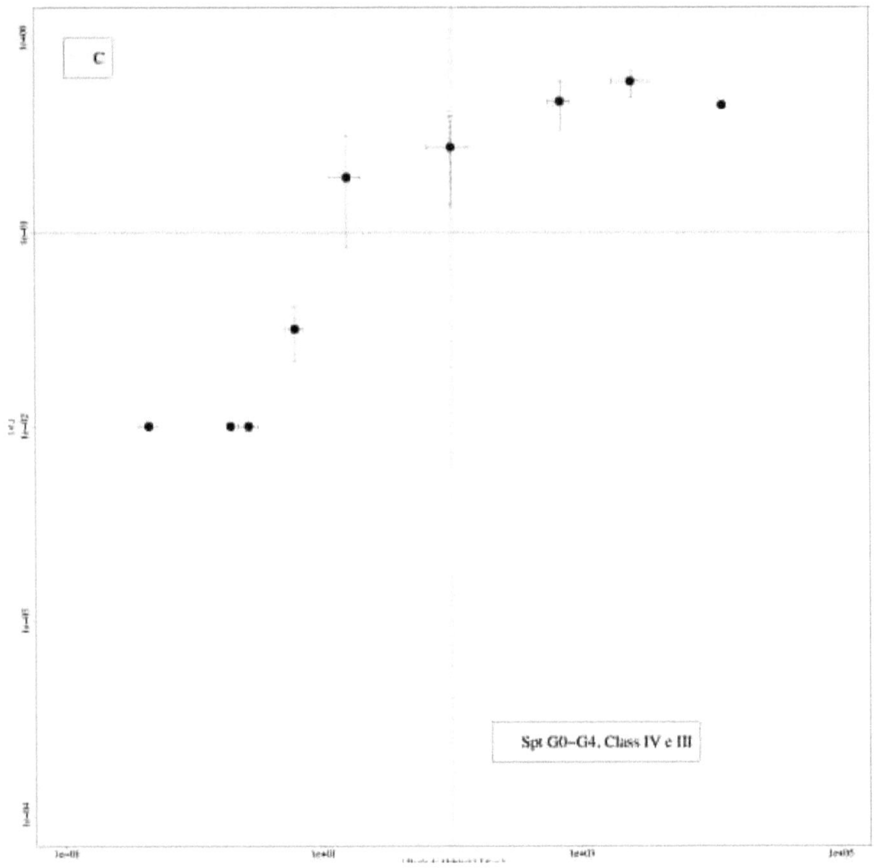

C
Spt G0–G4, Class IV e III

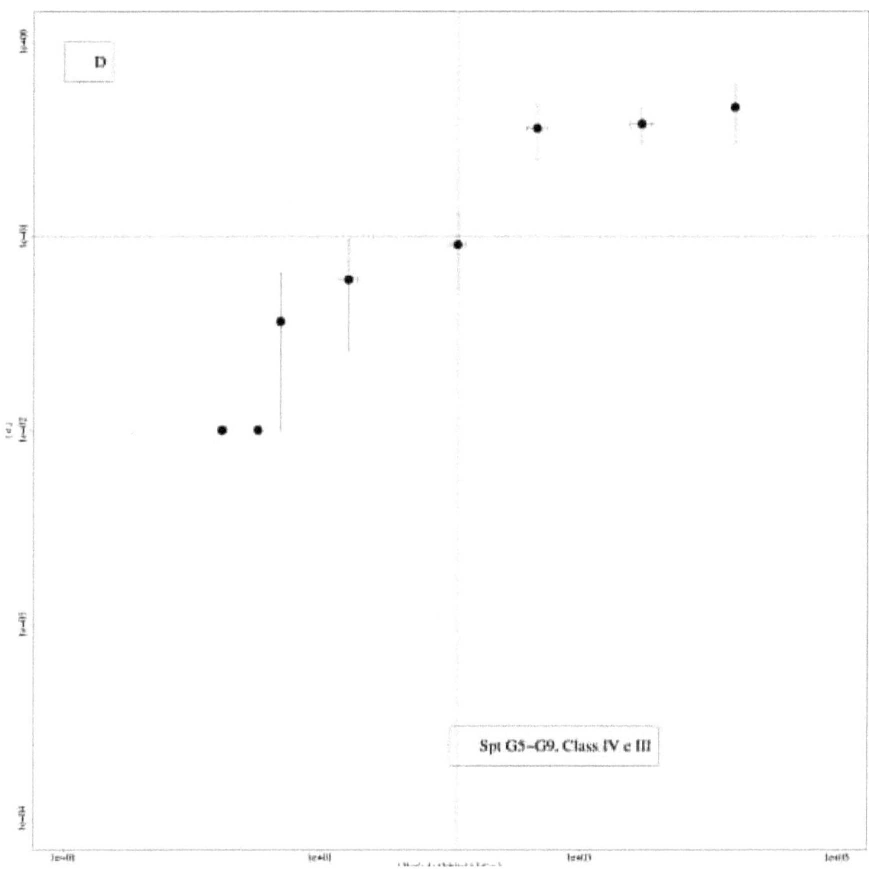

D
Spt G5-G9. Class IV e III

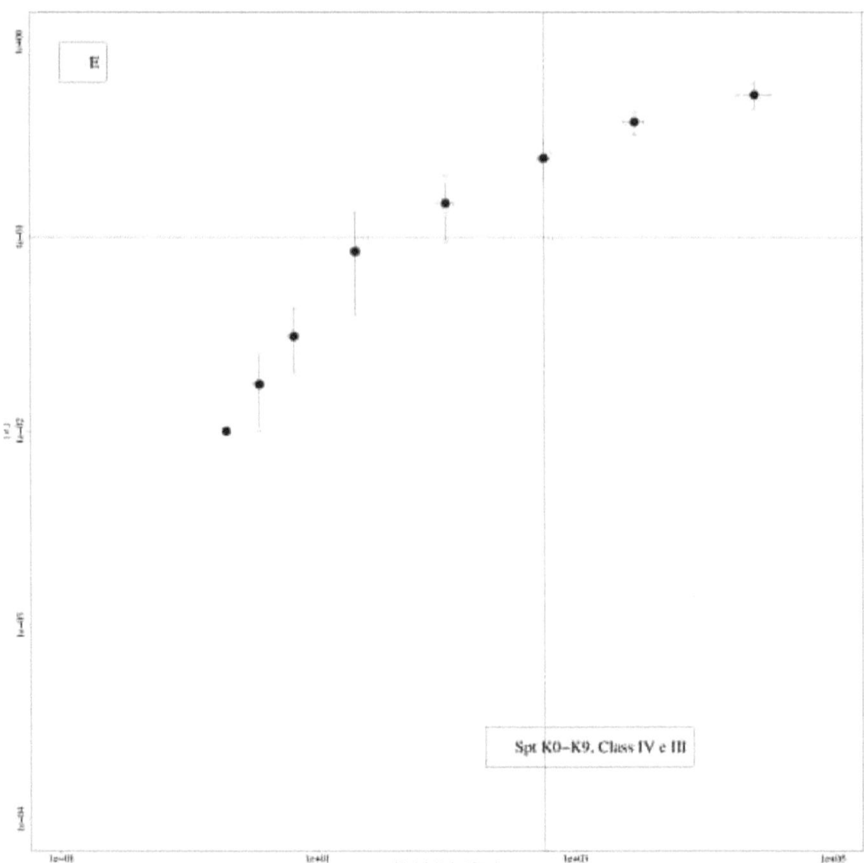

Figura 3.8: Excentricidade em função do período orbital para os tipos espectrais F, G e K, subgigantes e gigantes. Os erros foram calculados pelo método bootstrap e são indicados intervalos de confiança de 95% para os dados.

Na figura 3.8 vemos que os binários do tipo espetral F e G cedo circulam com períodos menores que oito dias, mas os tipos espectrais F e G tarde e o tipo espetral K têm binários que circulam com períodos mais longos. No tipo espetral F5-F9 os sistemas circularizam com períodos de cerca de 50 dias, no tipo espetral G5- G9, mais de 400 dias e no tipo K cerca de 200 dias. Observamos que os períodos de circularização das estrelas gigantes, em geral, são maiores que os períodos de circularização das estrelas de seqüência média. Mayor e Mermilliod [47] analisaram os parâmetros orbitais de 33 anãs vermelhas e 17 gigantes vermelhas binárias pertencentes a um aglomerado aberto para encontrar uma escala de tempo para a circularização orbital, eles encontraram períodos de circularização para gigantes vermelhas de cerca de 127 dias. Massarotti et al. [40] estudam a rotação das estrelas gigantes e encontram órbitas circularizadas para binários com períodos até cerca de 20 dias. No entanto, tanto na figura 3.7, quanto na 3.8 vemos novamente a tendência de circularização para períodos menores. Entretanto, devemos levar em conta que aqui temos apenas sistemas circularizados ou sincronizados, ou apenas sincronizados, e

o que é esperado pela teoria das marés [30]. Novamente evidenciamos o fato de que essas estrelas possuem envelope convectivo evoluído. Para as binárias que atingem apenas a sincronização, é evidência de que o sistema ainda sofre a interação de maré [22].

3.3 Velocidade de rotação e excentricidades

Nas figuras 3.9 e 3.10, apresentamos os gráficos da velocidade de rotação com a excentricidade. As linhas verticais indicam a excentricidade de corte para a circularização, assim, todos os grupos de sistemas que estão antes da linha são circularizados. As linhas pretas são o melhor ajuste linear para os pontos.

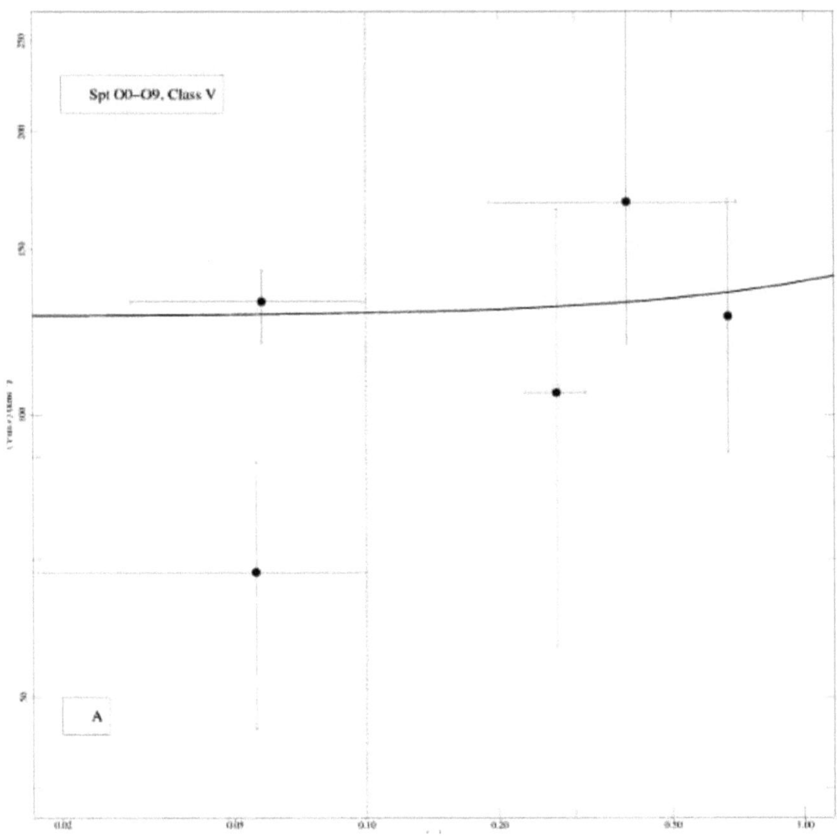

Spt O0–O9, Class V
A

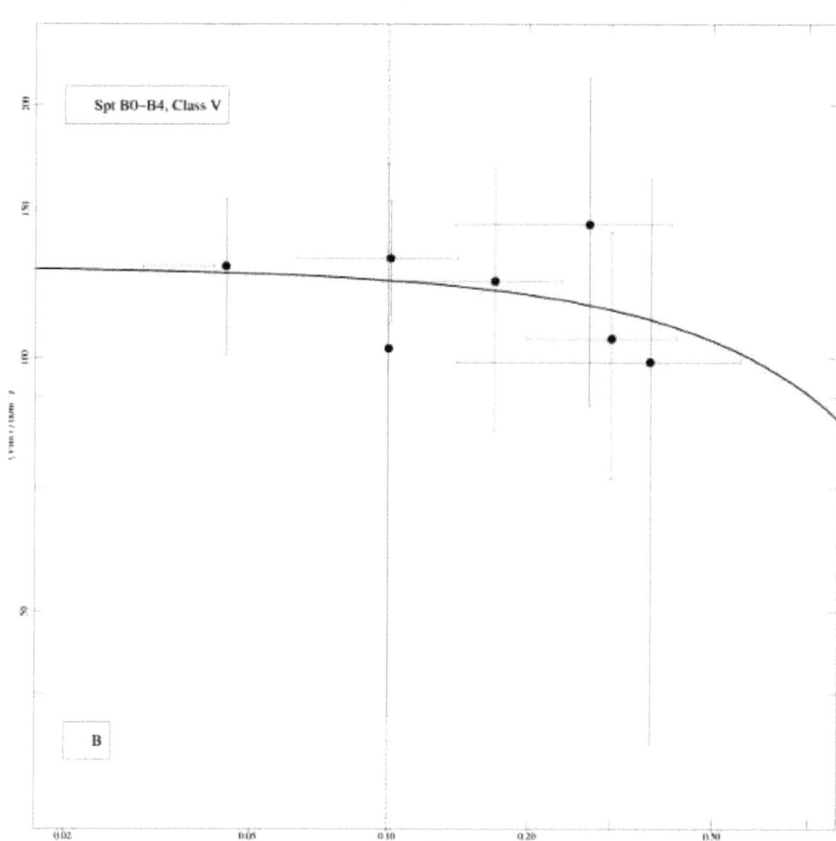

Spt B0–B4, Class V
B

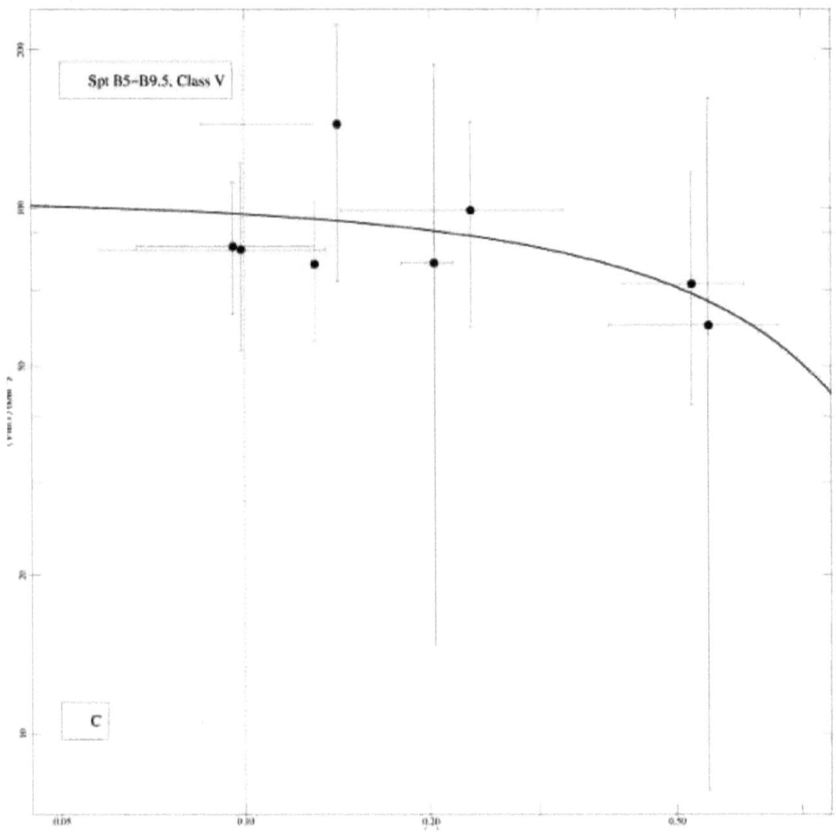

Spt B5–B9.5, Class V
C

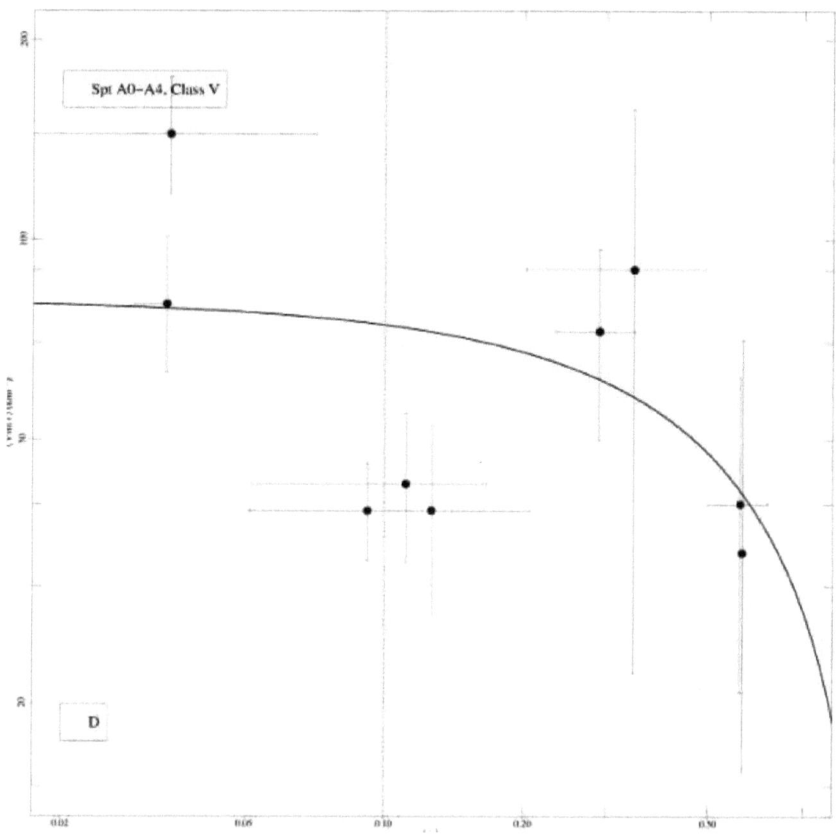

Spt A0–A4, Class V
D

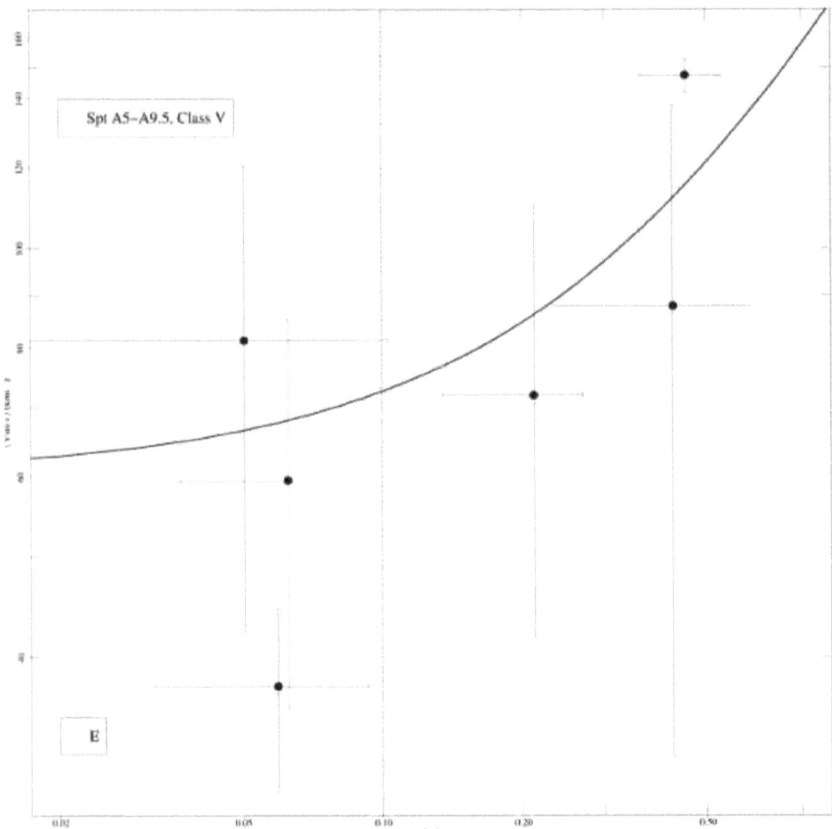

Figura 3.9: Velocidade de rotação *V sin i* em função da excentricidade para os tipos espectrais O, B e A, a partir da sequência média. A linha vertical vermelha indica a circularização de corte. Os erros foram calculados pelo método bootstrap e são indicados intervalos de confiança de 95% para os dados.

Podemos observar nos gráficos da figura 3.9 que para as estrelas do tipo espetral O existe uma correlação entre os valores de V sin i e a excentricidade e uma correlação significativa para o tipo espetral A para os tipos tardios. Para os tipos espectrais B e A0-A4 observamos uma anti-correlação.

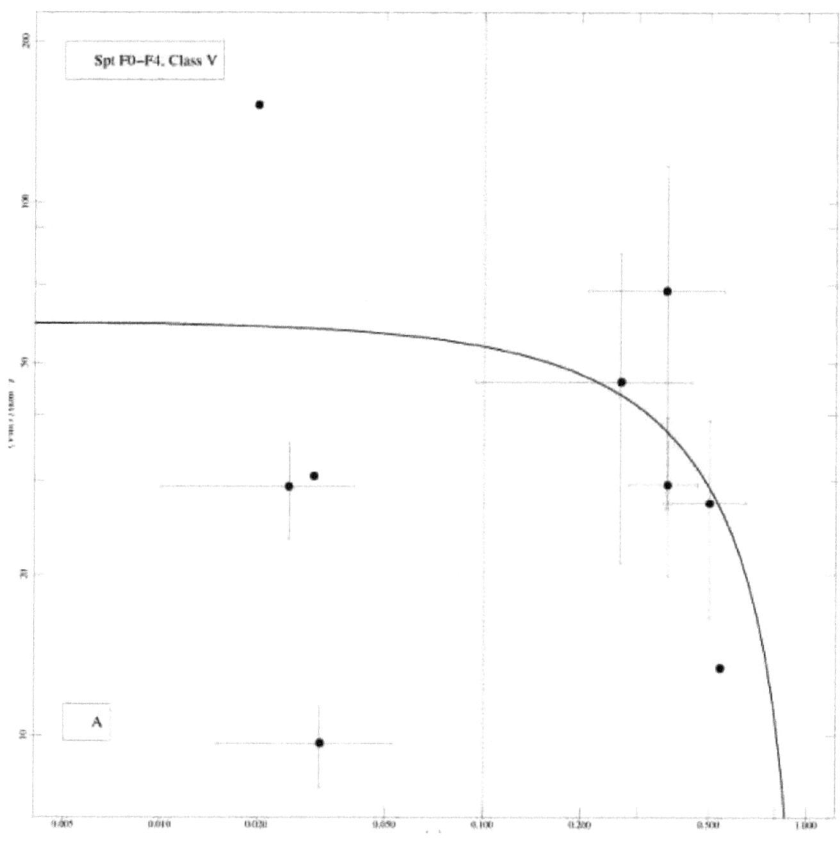

Spt F0–F4. Class V
A

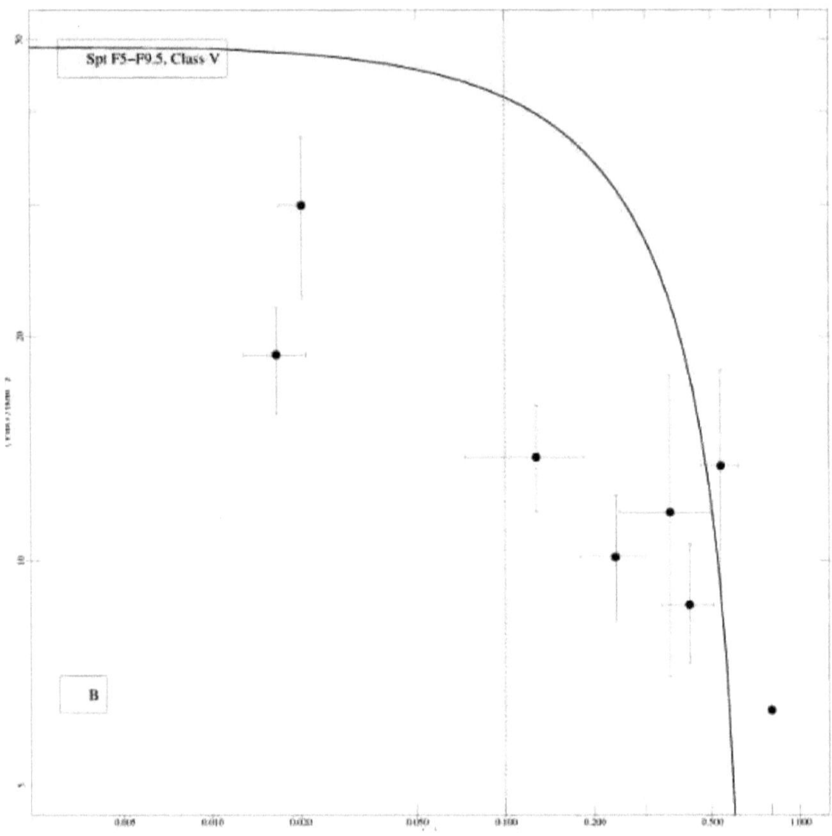

Spt F5–F9.5, Class V
B

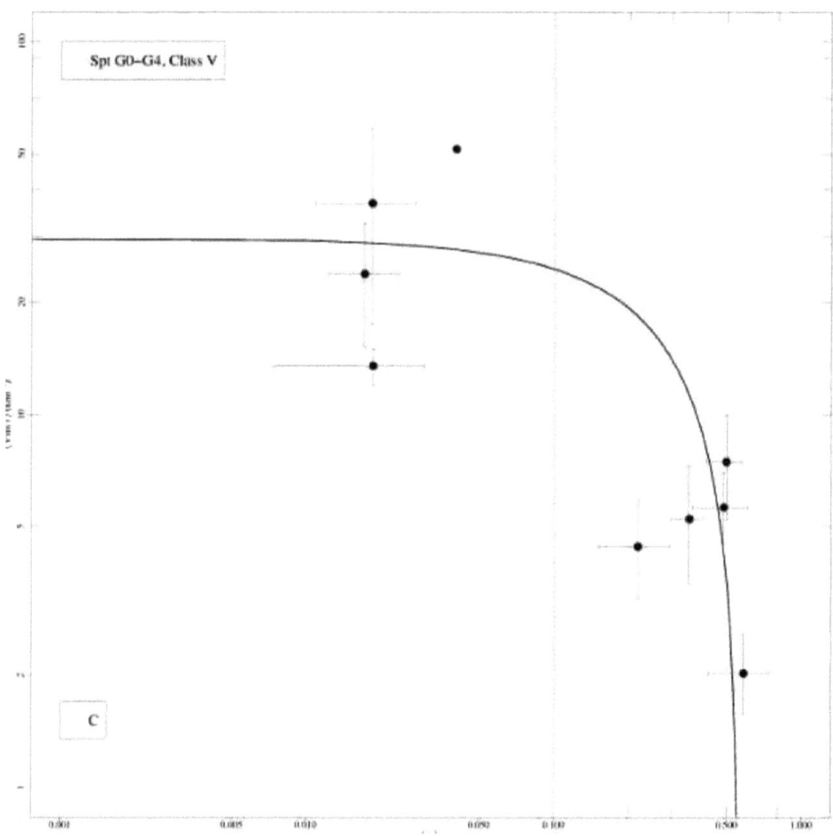

Spt G0–G4, Class V
C

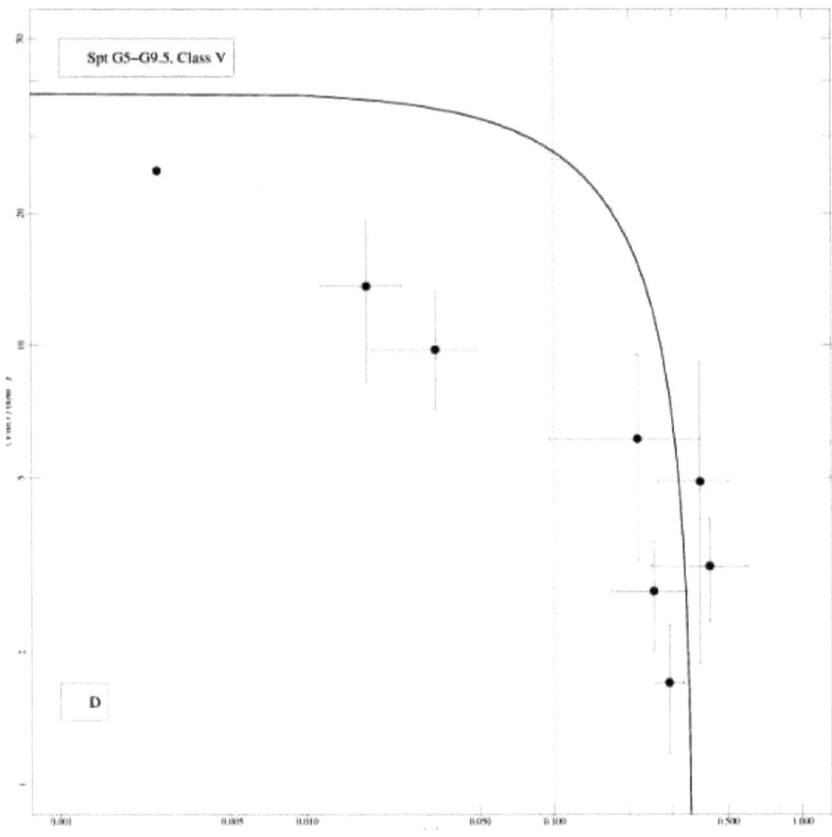
Spt G5–G9.5. Class V
D

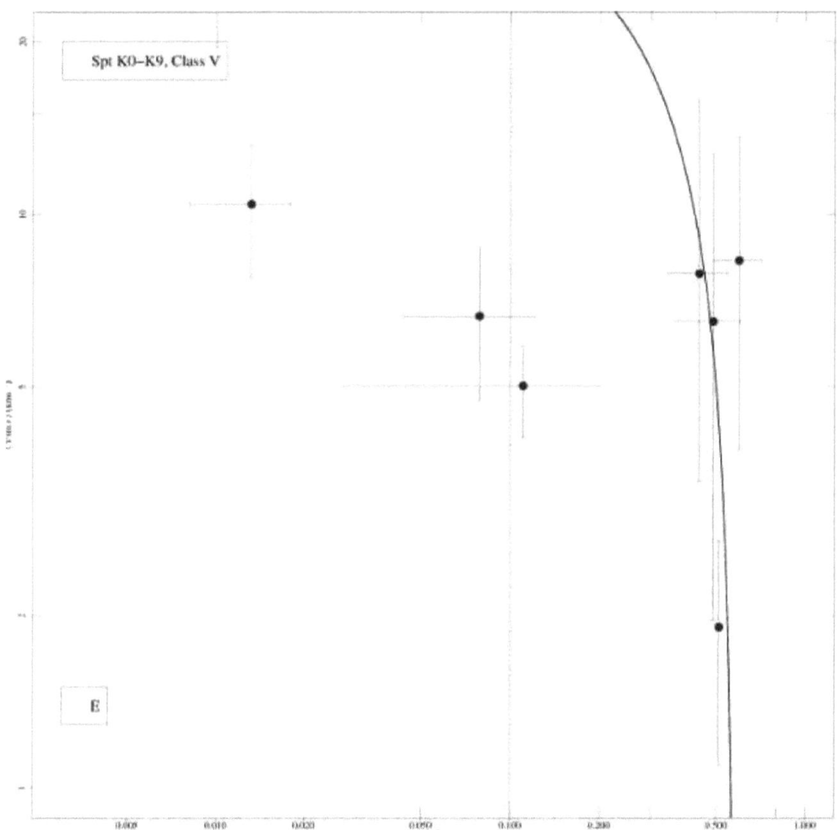

Figura 3.10: Velocidade de rotação *V sin i* em função da excentricidade para os tipos espectrais F, G e K, a partir da sequência média. A linha vertical vermelha indica a circularização de corte. Os erros foram calculados pelo método bootstrap e são indicados intervalos de confiança de 95% para os dados.

O aumento da anti-correlação na figura 3.10 mostra o tipo de binário tardio da sequência média.

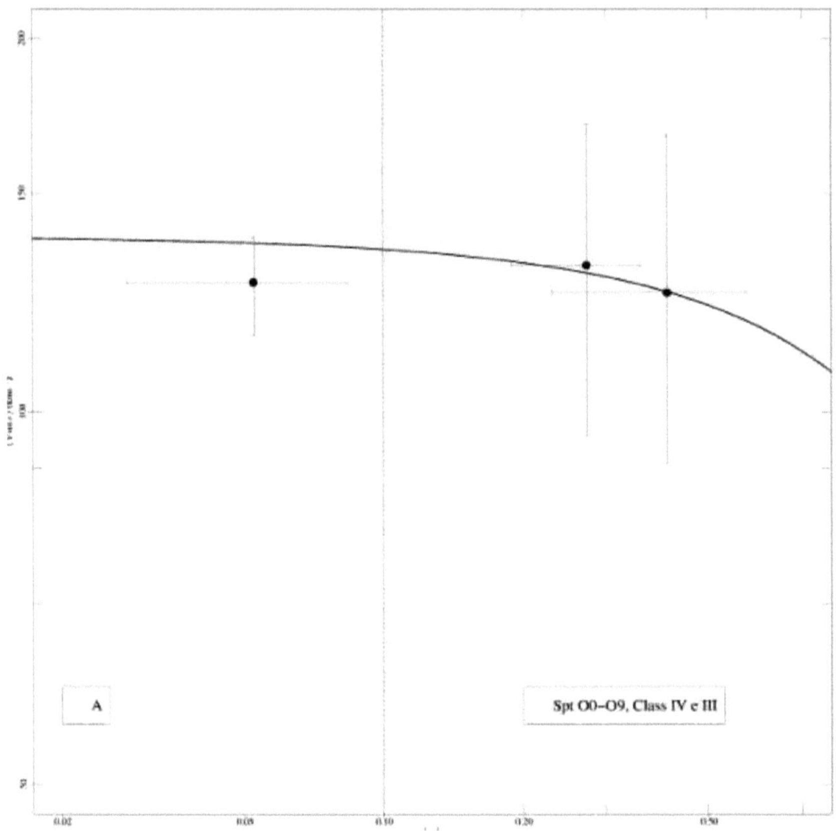
A
Spt O0-O9, Class IV e III

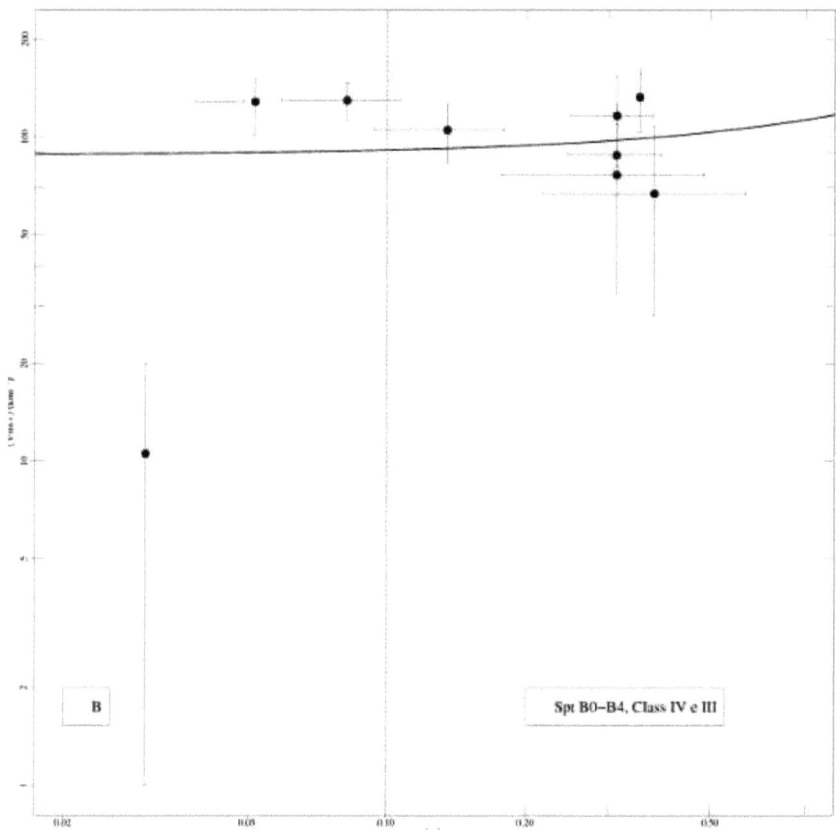

77

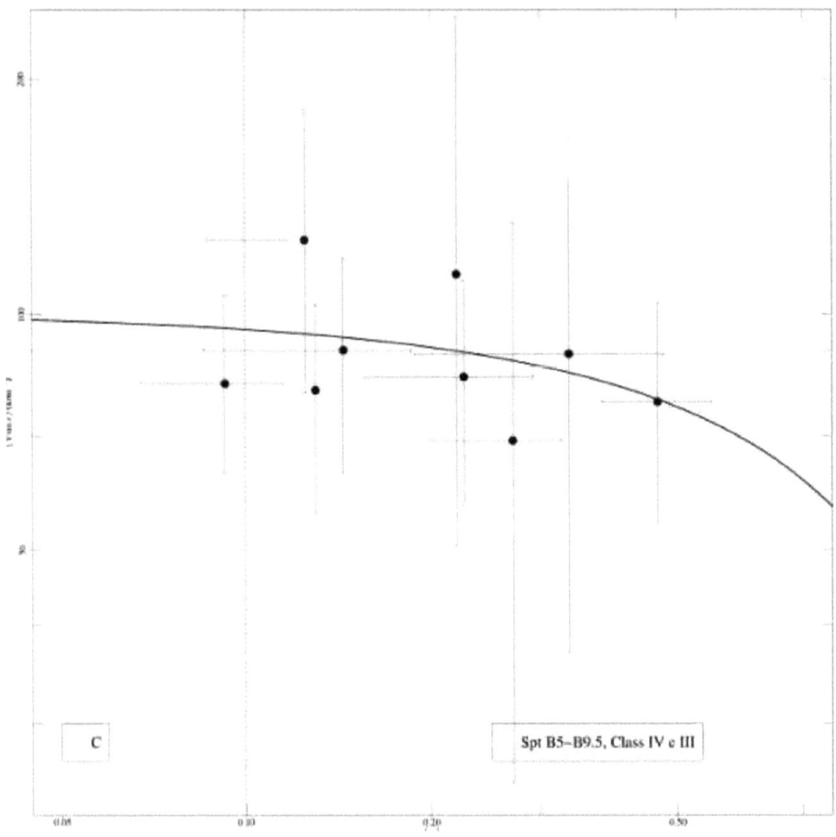
C
Spt B5–B9.5, Class IV e III

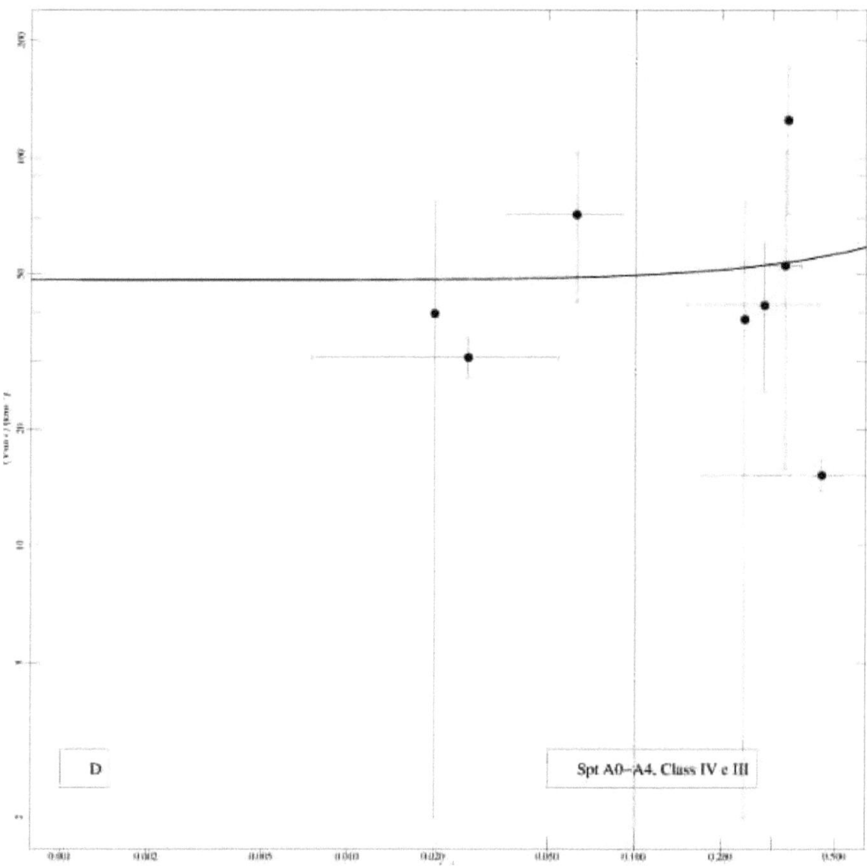
D
Spt A0–A4, Class IV e III

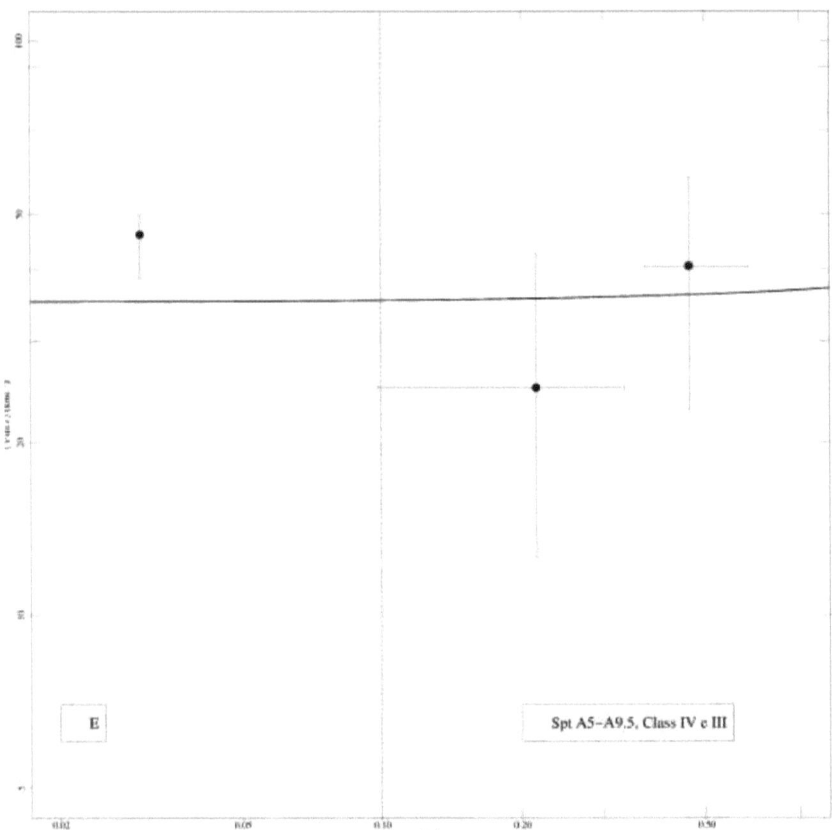

Figura 3.11: Velocidade de rotação *V sin i* em função da excentricidade para os tipos espectrais O, B e A, subgigantes e gigantes. A linha vertical vermelha indica a circularização de corte. Os erros foram calculados pelo método bootstrap e são indicados intervalos de confiança de 95% para os dados.

Para as subgigantes e gigantes (figura 3.11) vemos valores de V sin i sem diferenças significativas entre binários que até atingiram o equilíbrio e binários que ainda não atingiram. Isto está de acordo com a figura 3.3, onde o valor de V sin i variou muito pouco entre as estrelas sincronizadas e as não sincronizadas.

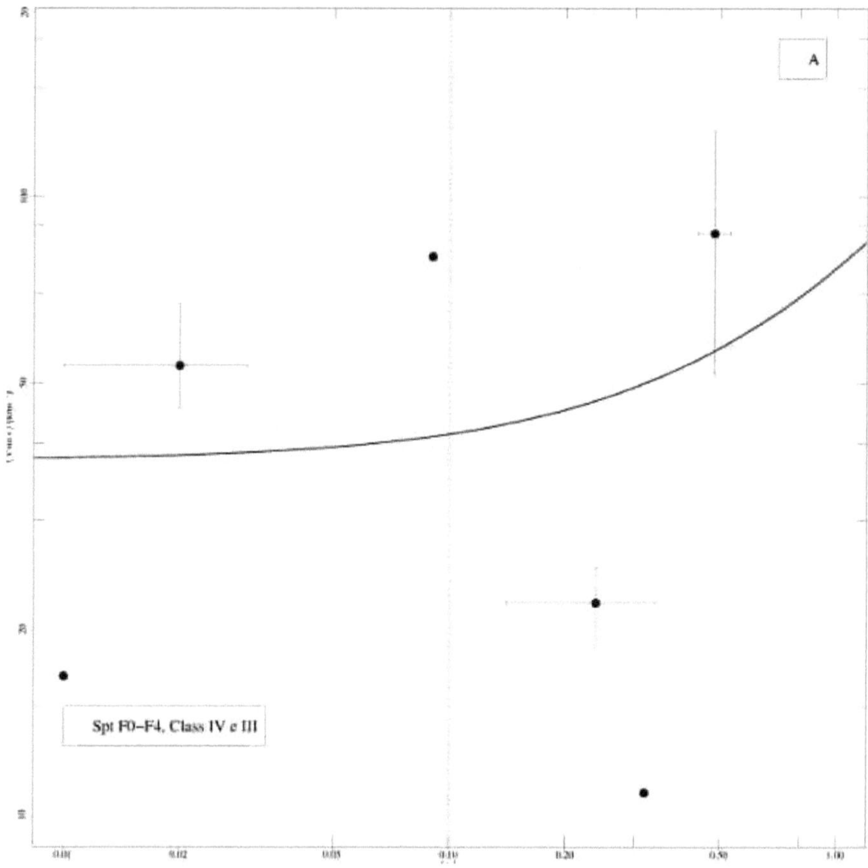

A
Spt F0-F4, Class IV e III

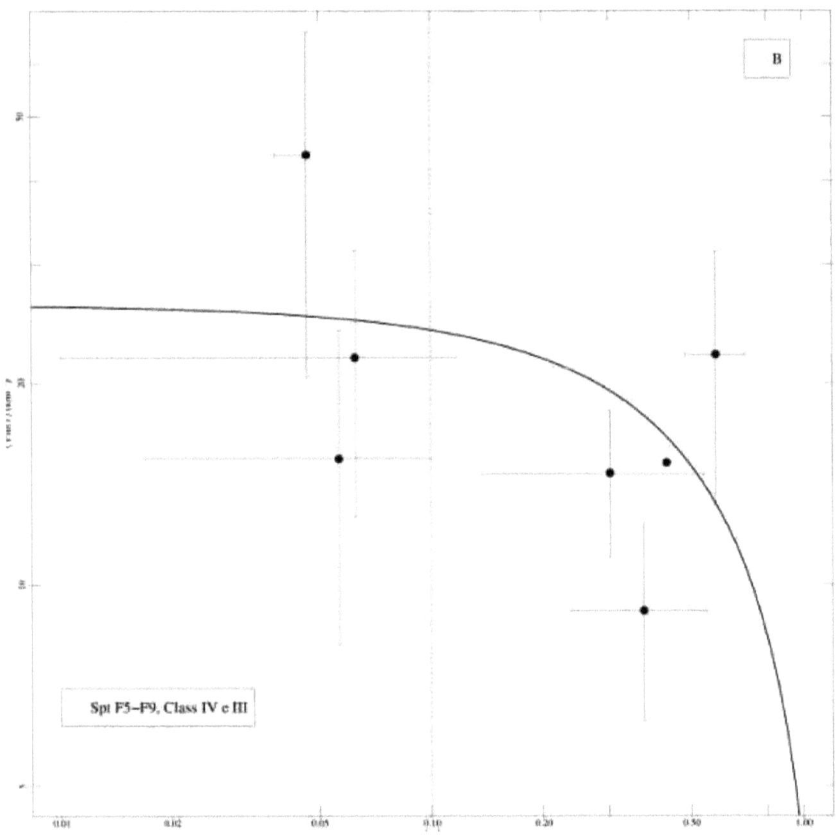

B
Spt F5–F9, Class IV e III

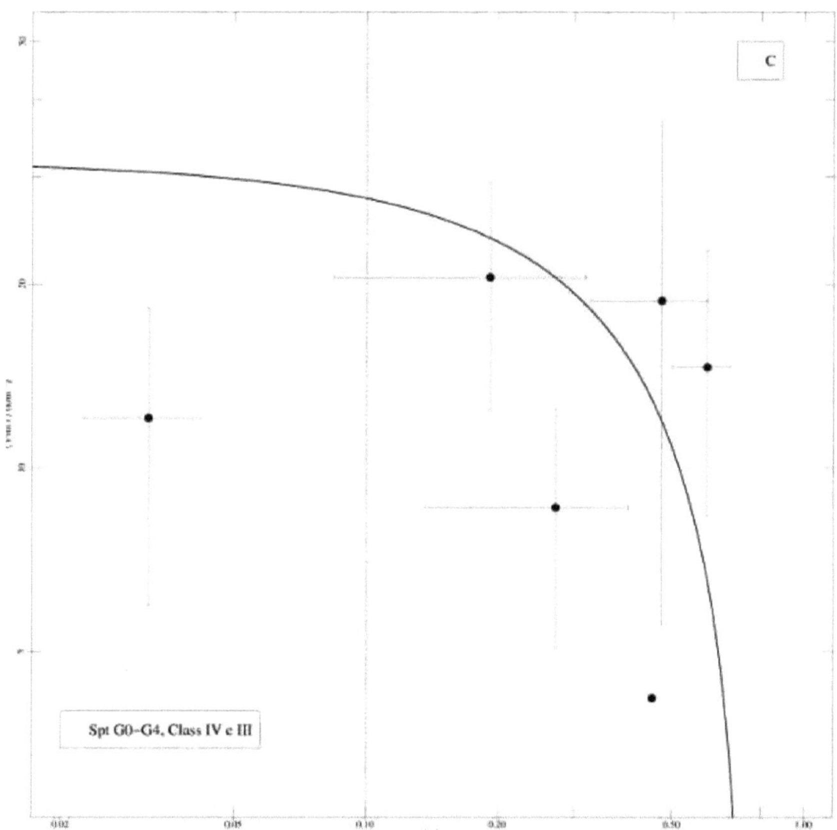

C
Spt G0–G4, Class IV e III

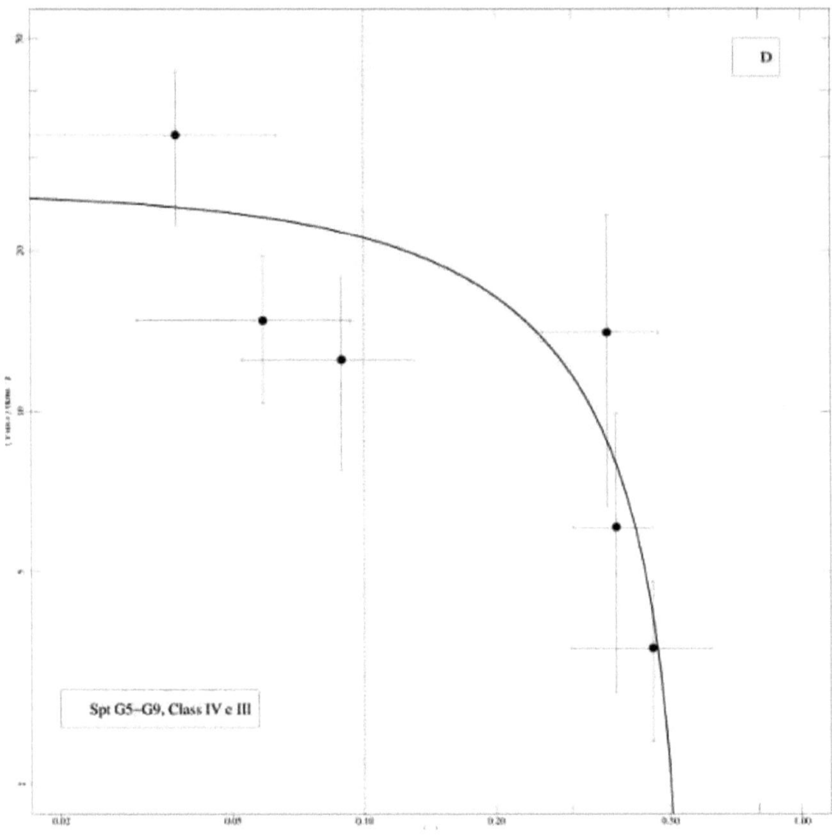

D
Spt G5-G9, Class IV e III

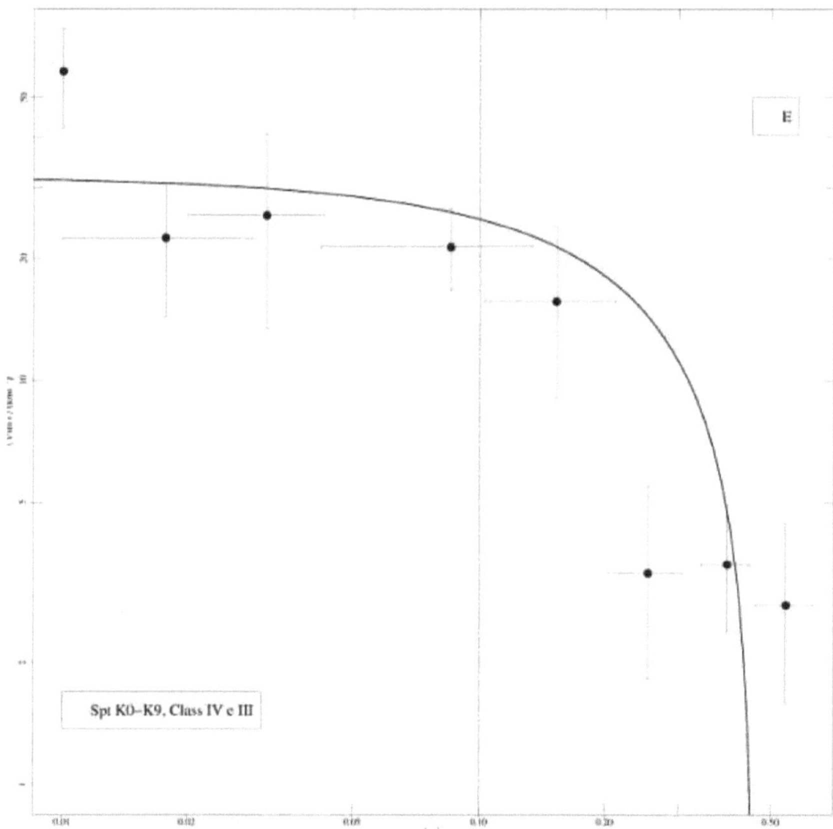

Figura 3.12: Velocidade de rotação *V sin i* em função da excentricidade para os tipos espectrais F, G e K, subgigantes e gigantes. A linha vertical vermelha indica a circularização de corte. Os erros foram calculados pelo método bootstrap e são indicados intervalos de confiança de 95% para os dados.

Agora, para as estrelas de tipo tardio, observamos novamente a anti-correlação para a maioria dos tipos espectrais, exceto no painel A.

A tabela 3.4 mostra os dados de correlação entre excentricidade e V sin i. Na primeira coluna estão os espectros, separados por classe de luminosidade e intervalos de massa, como nos gráficos. Na coluna 2 e 3 temos os valores de probabilidade de, respetivamente. Estes dados de correlação foram obtidos usando o teste de correlação de Spearman, descrito na secção 3.1.2. Os resultados acima são confirmados pela tabela 3.4.

	Classe V		Classe IV e III	
Tipo de inspeção	Prob	ρ	Prob	ρ

0-9	0,8028	-0,1	0,8696	-0,1
B 0-4	0,2000	-0,6	0,5364	-0,2
B 5-9	0,1710	-0,5	0,4101	-0,3
A 0-4	0,2499	-0,4	0,6646	+0,2
A 5-9	0,6615	+0,2	0,9347	+0,5
F 0-4	0,4933	-0,2	0,6583	+0,2
F 5-9	0,0045	-0,8	0,4976	-0,3
G 0-4	0,0311	-0,7	0,0447	-0,6
G 5-9	0,0045	-0,8	0,0024	-0,9
K 0- 9	0,0525	-0,6	0,0011	-0,9

Tabela 3.4: Correlação entre excentricidade e rotação para os sistemas binários evoluídos e não evoluídos.

Os valores negativos de ρ, encontrados na maioria dos tipos espectrais, indicam uma anti-correlação entre a excentricidade e *V sin i*. Este é um resultado esperado porque há uma tendência para valores elevados de V sin i em excentricidades curtas.

Os grupos que apresentam alto valor de ρ são formados por estrelas que possuem envelopes convectivos mais evoluídos. Este resultado é consistente com o modelo de Zahn [28], que diz que o torque de maré afeta a rotação e se torna mais eficiente à medida que ocorre o atrito turbulento no envelope convectivo. A anti-correlação mostrada para as estrelas evoluídas G reforça também os resultados de De Medeiros et al. [48] que diz que um aumento da rotação para este tipo espetral com o resultado do efeito de maré. O aumento da eficiência do torque de maré acontece à medida que ocorre o aprofundamento do envelope convectivo.

Capítulo 4: Conclusões

O objetivo principal deste trabalho foi analisar o período de corte de sincronização e circularização para encontrar o período máximo que as estrelas binárias atingem seu estado de equilíbrio. Para isso coletamos os dados do período, excentricidade e rotação para 1538 binárias desde os tipos espectrais O até K entre estrelas de seqüência média, subgigantes e gigantes.

As estrelas da sequência média sincronizam com períodos de cerca de 17 dias, por outro lado as subgigantes e gigantes sincronizam cerca de 580 dias. Da mesma forma, para os valores de circularização, encontramos cerca de 14 dias para a sequência média e 400 dias para as subgigantes e gigantes. Verificamos que para a maioria dos tipos espectrais existe uma correlação entre o tipo espetral e o período de corte. As correlações entre período e rotação e entre excentricidade e rotação são mais significativas a partir do tipo espetral F5, para estrelas não evoluídas e a partir do tipo espetral G para estrelas evoluídas. Este resultado é consistente com a teoria das marés de Zahn que relaciona a eficiência do efeito de maré com a fricção turbulenta na zona de convecção da estrela.

Todos os resultados deste trabalho estão resumidos nas tabelas 1 e 2 do apêndice 1, onde os dados estão detalhados da seguinte forma, na primeira coluna estão os intervalos de período onde as estrelas estão agrupadas, na segunda coluna estão as grandezas de cada sistema em cada intervalo, nas colunas 3, 4 e 5 estão as médias do período, excentricidade e rotação e nas colunas 6 e 7 estão as informações sobre sincronização e circularização. Na tabela 3 e 4 estão os dados de melhor ajuste dos gráficos, na primeira e segunda colunas encontramos as estrelas agrupadas por tipo espectral e classe de luminosidade, na terceira e quarta colunas temos os coeficientes linear e angular de cada curva e na quinta coluna , o rms de cada curva.

Capítulo 5: Perspectivas

Desejamos que este trabalho tenha continuidade, pelo que propomos as próximas actividades:

- para analisar cada nível evolutivo dos sistemas binários para compreender a diferença nos períodos de corte entre as estrelas evoluídas e não evoluídas;

- para estudar a travagem rotacional nas estrelas frias e verificar possíveis influências no equilíbrio das estrelas binárias;

- para calcular o aprofundamento da zona convectiva das estrelas e compará-lo com a variação da rotação e dos elementos orbitais;

- para separar os sistemas em SB1 e SB2 para analisar o efeito da distância entre as estrelas.

Apêndice 1

Int. Per. (d)	N	P (d)	Ecc	$V \sin i$ (km/s)	S	C
O0-O9 Classe V						
0 - 1	0	0	0	0	-	-
1 - 2	3	1.46	0	179	sim	sim
2 - 4	8	3.32	0.04	133	sim	sim
4 - 8	6	5.49	0.27	107	sim	não
8 - 32	2	21.57	0.24	196.5	não	não
32 - 256	2	50.07	0.05	63.32	não	sim
256 - 1024	0	0	0	0	-	-
1024 - 8192	0	0	0	0	-	-
> 8192	5	9247	0.67	127.3	não	não
B0-]			B4 Classe V			
0 - 1	0	0	0	0	-	-
1 - 2	15	1.52	0.03	128	sim	sim
2 - 4	25	2.79	0.09	131	sim	sim
4 - 8	13	6.56	0.16	123.5	não	não
8 - 32	11	17.5	0.3	105	não	não
32 - 256	13	83.3	0.27	143.9	não	não
256 - 1024	3	697.4	0.37	103.07	não	não
1024 - 8192	2	5268	0.1	104.4	não	sim
> 8192	3	34835	0	125.6	não	sim
B5-B9 Classe V						
0 - 1	2	0.92	0.13	79.15	sim	não
1 - 2	8	1.64	0.14	147	sim	sim
2 - 4	29	2.8	0.09	84.9	não	sim
4 - 8	21	5.51	0.1	82.9	não	sim
8 - 32	18	16.22	0.23	98.51	não	não
32 - 256	8	137.4	0.53	70.72	não	não
256 - 1024	4	567.3	0.2	79.9	não	não
1024 - 8192	5	3799	0.56	59.13	não	não
> 8192	0	0	0	0	-	-
A0-A4 Classe V						
0 - 1	9	0.74	0.02	145	sim	sim
1 - 2	30	1.61	0.02	79	sim	sim
2 - 4	32	2.89	0.08	39.1	sim	sim
4 - 8	30	5.56	0.11	43	não	sim
8 - 32	43	16.85	0.29	73.24	não	não
32 - 256	10	84.5	0.12	39.5	não	sim
256 - 1024	5	344.8	0.34	88.5	não	não
1024 - 8192	12	1928	0.58	39.7	não	não
> 8192	3	64576	0.59	33.7	não	não
A5-A9 Classe V						
0 - 1	6	0.59	0	91.17	sim	sim

1 - 2	11	1.81	0.05	59.07	sim	sim
2 - 4	9	2.77	0.06	37.27	sim	sim
4 - 8	0	0	0	0	-	-
8 - 32	7	12.7	0.04	82	não	sim
32 - 256	6	71.21	0.41	88.62	não	não
256 - 1024	4	440.7	0.21	73.25	não	não
1024 - 8192	4	6023	0.45	147.3	não	não
> 8192	0	0	0	0	-	-
F0-]				F4 Classe V		
0 - 1	2	0.6	0.02	152	não	sim
1 - 2	2	1.93	0.03	30.7	sim	sim
2 - 4	4	2.17	0.02	29.18	sim	sim
4 - 8	12	4.88	0.02	9.69	sim	sim
8 - 32	16	20.01	0.36	29.7	não	não
32 - 256	10	103.9	0.27	45.72	não	sim
256 - 1024	10	529	0.5	27.6	não	não
1024 - 8192	10	5702	0.36	67.8	não	não
> 8192	2	70126	0.54	13.4	não	não
F5-]				F9 Classe V		
0 - 1	10	0.45	0	142	sim	sim
1 - 2	10	1.37	0.01	29.8	sim	sim
2 - 4	24	3.03	0.01	19	sim	sim
4 - 8	32	6.05	0.12	13.8	não	sim
8 - 32	45	16.12	0.23	10.11	não	não
32 - 256	31	101.2	0.42	8.8	não	não
256 - 1024	18	576	0.36	11.74	não	não
1024 - 8192	22	2317	0.53	13.6	não	não
> 8192	2	10540	0.79	6.3	não	não
G0-G4 Classe V						
0-1	12	0.64	0.01	36.9	não	sim
1-2	2	1.92	0.04	51.5	não	sim
2-4	10	3.86	0.01	13.48	sim	sim
4-8	8	5.12	0.01	24.11	não	sim
8 - 32	20	20.18	0.21	4.38	não	não
32 - 256	24	100.63	0.35	5.3	não	não
256 - 1024	10	572.9	0.57	2.01	não	não
1024 - 8192	28	3973	0.49	7.57	não	não
> 8192	14	24985	0.48	5.65	não	não
G5-G9 Classe V						
0-1	6	0.5	0	105.8	sim	sim
1-2	2	1.84	0	25	sim	sim
2-4	6	2.92	0	13.68	sim	sim
4-8	12	6.48	0.01	9.74	sim	sim
8 - 32	12	17.48	0.24	2.76	sim	não
32 - 256	10	62.7	0.21	6.04	não	sim

256 - 1024	12	691.3	0.43	3.14	não	não
1024 - 8192	16	2990	0.38	4.97	não	não
> 8192	8	9911	0.29	1.7	não	não
K0-]			K9 Classe V			
0-1	6	0.45	0	115.2	sim	sim
1-2	12	1.35	0	26.3	sim	sim
2-4	8	3.31	0.01	10.4	sim	sim
4-8	10	6.89	0.1	5	sim	sim
8 - 32	14	14.09	0.07	6.65	sim	não
32 - 256	18	94.9	0.48	6.43	não	sim
256 - 1024	17	520.6	0.43	8.15	não	não
1024 - 8192	20	2528	0.6	8.14	não	não
> 8192	4	30719	0.5	1.9	não	não

Tabela 1: Valores detalhados de cada grupo de binários da sequência média. Na primeira coluna são fornecidos o intervalo do período onde os sistemas foram agrupados, na segunda coluna há a quantidade de sistemas de cada intervalo, em seguida, seu período médio orbital, excentricidade média e velocidade média rotacional, nas duas últimas colunas as informações sobre sincronização e circularização respetivamente.

Int. Per. (d)	N	p (d)	Ecc	$V \sin i$ (km/s)	S	C
O0-O9 Classe IV e III						
0-1	0	0	0	0	-	-
1-2	0	0	0	0	-	-
2-4	5	3.28	0.03	118.6	sim	sim
4-8	6	5.14	0.27	153.87	sim	não
8 - 32	5	18.01	0.4	98.47	não	não
32 - 256	0	0	0	0	-	-
256 - 1024	1	298.2	0	104.07	não	sim
1024 - 8192	0	0	0	0	-	-
>8192	0	0	0	0	-	-
B0-B4 Classe IV e III						
0-1	1	0.9	0.03	10.6	não	não
1-2	4	1.46	0.88	127.5	sim	sim
2-4	18	2.96	0.05	126.34	sim	sim
4-8	19	5.14	0.11	92.42	sim	sim
8 - 32	18	16.17	0.31	76.62	não	não
32 - 256	19	121.13	0.33	95.89	não	não

256 - 1024	2	601	0.22	39.34	não	não
1024 - 8192	6	3715	0.47	53.88	não	não
>8192	2	35919	0.35	143.9	não	não
B5-B9 Classe IV e III						
0-1	0	0	0	0	-	-
1-2	5	1.49	0.08	90.5	sim	sim
2-4	7	3.08	0.06	70.4	sim	sim
4-8	7	5.56	0.23	107.15	não	não
8 - 32	17	12.88	0.2	67.2	não	sim
32 - 256	10	100.1	0.41	82.5	não	não
256 - 1024	4	578	0.24	62.07	não	não
1024 - 8192	6	2818	0.18	115.8	não	sim
>8192	3	15629	0.22	113	não	não
A0-A4 Classes IV e III						
0-1	0	0	0	0	-	-
1-2	1	1.32	0.02	40	sim	sim
2-4	12	2.92	0.02	30.53	sim	sim
4-8	9	5.61	0.06	70.9	não	sim
8 - 32	11	14.09	0.27	41.85	não	não
32 - 256	6	63.8	0.33	53.91	não	não
256 - 1024	1	78.7	0.24	701.76	não	não
1024 - 8192	6	3627	0.44	15.2	não	não
>8192	3	125703	0.34	124.45	não	não
A5-A9 Classes IV e III						
0-1	0	0	0	0	-	-
1-2	0	0	0	0	-	-
2-4	10	3.07	0	23.9	sim	sim
4-8	4	4.14	0	41.9	sim	sim
8 - 32	6	13.43	0.21	25.04	não	sim
32 - 256	5	71.56	0.45	40.63	não	não
256 - 1024	3	853.8	0.03	46.21	não	sim
1024 - 8192	0	0	0	0	-	-
>8192	1	6356	0	9.78	não	sim

F0-F4 Classes IV e III						
0-1	0	0	0	0	-	-
1-2	2	1.46	0.09	80	sim	sim
2-4	5	2.72	0.01	53.2	sim	sim
4-8	2	7.22	0	16.8	sim	sim
8 - 32	2	12.21	0.32	10.9	sim	não
32 - 256	6	39.2	0.24	21.9	não	não
256 - 1024	0	0	0	0	-	-
1024 - 8192	11	2232	0.48	85.9	não	não
>8192	0	0	0	0	-	-
F5-F9 Classes IV e III						
0-1	0	0	0	0	-	-
1-2	6	1.45	0.04	43.2	não	sim
2-4	6	2.58	0.05	21.9	não	sim
4-8	9	5.36	0.05	15.3	sim	sim
8 - 32	2	10.37	0.43	15.2	sim	não
32 - 256	6	53.11	0.29	16.6	não	não
256 - 1024	8	577	0.36	9.11	não	não
1024 - 8192	0	0	0	0	-	-
>8192	8	14367	0.58	22.3	não	não
G0-G4 Classes IV e III						
0-1	6	0.45	0	44.2	não	sim
1-2	2	1.94	0	46.8	sim	sim
2-4	4	2.71	0	31.75	sim	sim
4-8	6	6.16	0.03	12.23	sim	sim
8 - 32	10	15.4	0.18	20.4	sim	sim
32 - 256	12	100.8	0.27	8.61	sim	não
256 - 1024	12	701.5	0.47	19	não	não
1024 - 8192	12	2482	0.6	14.53	não	não
>8192	2	24985	0.45	4.2	não	não
G5-G9 Classes IV e III						
0-1	0	0	0	0	-	-
1-2	2	1.68	0	31.5	não	sim

2-4	4	3.19	0	25.36	não	sim
4-8	6	4.8	0.03	32.7	sim	sim
8 - 32	28	16.38	0.05	14.77	sim	sim
32 - 256	32	112.6	0.08	12.58	sim	sim
256 - 1024	21	462.7	0.35	14.12	não	não
1024 - 8192	34	3000	0.37	6.07	não	não
>8192	6	15921	0.45	3.6	não	não
K0-K9 Classes IV e III						
0-1	0	0	0	0		
1-2	4	1.98	0	58.2	sim	sim
2-4	8	3.57	0.01	22.21	não	sim
4-8	10	6.59	0.02	25.54	sim	sim
8 - 32	41	20.04	0.08	21.49	sim	sim
32 - 256	34	100.6	0.15	15.69	sim	sim
256 - 1024	34	583.9	0.25	3.31	sim	não
1024 - 8192	58	2933	0.4	3.54	não	não
>8192	12	24512	0.5	2.76	não	não

Tabela 2: Valores detalhados de cada grupo de binários das gamas de gigantes e subgigantes.

Na primeira coluna são fornecidos o intervalo do período onde os sistemas foram agrupados, na segunda coluna há a quantidade de sistemas de cada intervalo, em seguida, seu período médio orbital, excentricidade média e velocidade média rotacional, nas duas últimas colunas as informações sobre sincronização e circularização respetivamente.

S. T.	L. C.	Coef. linear	Coef. angular	rms
O 0-9	V	131.8	-3.65e-04	38.08
B 0-4	V	119.5	9.86e-05	14.48
B 5-9	V	92.9	-9.32e-03	21.96
A 0-4	V	69.1	-5.65e-04	32.68
A 5-9	V	70.5	1.27e-02	17.37
F 0-4	V	49.3	-4.9e-04	39.72
F 5-9	V	32.4	-2.86e-03	39.11
G 0-4	V	18.7	-6.07e-04	15.63
G 5-9	V	23.2	-2.62e-03	30.19
K 0-9	V	23.9	-7.62e-04	33.32

O 0-9	IV e III	124.4	-7.59e-02	19.7
B 0-4	IV e III	77.8	1.77e-03	37.53
B 5-9	IV e III	84.2	2.1e-03	16.56
A 0-4	IV e III	41.2	6.62e-04	15.56
A 5-9	IV e III	35.9	-3.76e-03	9.26
F 0-4	IV e III	36.3	2.21e-02	23.99
F 5-9	IV e III	20	9.06e-05	10.43
G 0-4	IV e III	25.7	-1.84e-03	12.56
G 5-9	IV e III	20.5	-1.21e-03	8.29
K 0-9	IV e III	22.2	-8.85e-04	15.59

Tabela 3: Dados estatísticos das figuras 3.1, 3.2, 3.3 e 3.4: Na primeira e segunda colunas estão o grupo espetral e a classe de luminosidade, na terceira e quarta colunas estão os coeficientes linear e angular e na quinta coluna está o valor rms.

S. T.	L. C.	Coef. linear	Coef. angular	rms
O 0-9	V	127.53	15.24	37.92858
B 0-4	V	128.95	-48.42	13.01536
B 5-9	V	105.02	-69.69	20.80975
A 0-4	V	80.98	-66.94	31.60916
A 5-9	V	60.47	124.39	23.22065
F 0-4	V	59.40	-60.10	39.22806
F 5-9	V	48.74	-74.52	34.98327
G 0-4	V	29738	-52675	11.31416
G 5-9	V	38.14	-105.73	26.45584
K 0-9	V	36.83	-64.16	30.23453
O 0-9	IV e III	137.59	-32.02	23.97159
B 0-4	IV e III	93.58	-16.76	37.08177
B 5-9	IV e III	101.03	-47.64	15.81678
A 0-4	IV e III	48.40	16.22	30.96558
A 5-9	IV e III	35205	1359	9.268014
F 0-4	IV e III	37.60	37.37	29.39873
F 5-9	IV e III	26034	-21983	9.367574
G 0-4	IV e III	31862	-42836	10.68327
G 5-9	IV e III	25593	-47191	6.045621

| K 0-9 | IV e III | 31584 | -68825 | 11.44806 |

Tabela 4: Dados estatísticos das figuras 3.9, 3.10, 3.11 e 3.12: Na primeira e segunda coluna estão o grupo espetral e a classe de luminosidade, na terceira e quarta coluna estão os coeficientes linear e angular e na quinta coluna está o valor rms.

Bibliografia

[1] Kratter, M. K. A formação de binários próximos. ASP Conference Series, v. 1, p. 1, 2011.

[2] Fisher, R. T. Tese de doutoramento. Universidade da Califórnia, Berkeley, 2002.

[3] Tohline, J. E. A Origem das Estrelas Binárias. ARA&A, v. 439, p. 40, 2002.

[4] Adams, F. C., Ruden, S. P. & Shu, F. H. Instabilidades Gravitacionais Excêntricas em Discos Quase Keplerianos. ApJ, v. 959, p. 347, 1989.

[5] Laughlin, G. & Bodenheimer, P Instabilidades em discos protoestelares. ApJ, v. 436, p. 355, 1994.

[6] Bonnell, I. A. Um novo mecanismo de formação de binários. MNRAS, v. 837, p. 269, 1994.

[7] Bonnell, I. A. & Bate, M. R. Massive circumbinary discs and the formation of multiple systems. MNRAS, v. L45, p. 269, 1994.

[8] Mardling, R. A. & Aarseth, S. J. Interações de maré em simulações de aglomerados de estrelas. MNRAS, v. 398, p. 321, 2001.

[9] Oliveira, K. & Saraiva, M. F. Astronomia e Astrofísica. Livraria da Fisica, ed 2, 2004.

[10] Rieutord, M. Evolução da rotação em binários: processos físicos. Simpósio da IAU, n. 215, p. 1, 2003.

[11] BATTEN, A. H. Binary and Multiple Systems of Stars Dominion Astrophysical Observatory, ed 1, 1973.

[12] Glebocki, R. & Stawikowski, A. Catálogo de Velocidades Rotacionais Projectadas. ACTA Astronomica, v. 50, p. 509, 2000.

[13] Gray, D. F & Pallavicini, R. Taxas de Rotação de Estrelas Gigantes. Astronomical Society of the Pacific, v. 101, p. 695, 1989.

[14] Slettebak, A., Collins, G.W., II, Boyce, P.B., White, N.M. & Perkinson, T.D. Some interesting bright southern stars of early type. ApJ. Suppl. Ser, v. 137, p. 29, 1975.

[15] Slettebak, A., Wagner, R.M. & Bertram, R. Observações espectroscópicas de

algumas estrelas Be/B em altas latitudes galácticas. PASP, v. 109, p. 1, 1997.

[16] Fekel, F.C. Rotational Velocities of Late-Type Stars. PASP, v. 109, p. 514, 1997.

[17] Randich, S., Giampapa, M.S. & Pallavicini, R. Lítio em Binários Rs-Canum e Estrelas Cromosfericamente Ativas Relacionadas - Terceira Parte - Sistemas Rs-Canum do Norte. A&A, v. 283, p. 893, 1994.

[18] Gray, D.F. The Temperature Dependence of Rotation and Turbulence in Giant Stars. ApJ, v. 262, p. 682, 1982.

[19] Gray, D.F. The observation and analysis of stellar photospheres (Observação e análise de fotosferas estelares). Camb. Astrophys. Ser., v. 20, p. 368, 1992.

[20] Glebocki R. & Gnacinski, P. The Catalogue of Rotational Velocities of Stars in Clusters. A. Brown, G.M. Harper, and T.R. Ayres Cambridge Workshop, p. 823, 2003.

[21] Chandrasekhar, S. & M "unch, G. On the Integral Equation Governing the Distribution of the True and the Apparent Rotational Velocities of Stars. ApJ, v. 111 p. 142, 1950.

[22] Duquennoy, A., Mayor, M. & Mermilliod, J. C. Distribuição e evolução de elementos orbitais para primárias de 1 M□. Duquennoy, A., Mayor, M. Binários como traçadores de formação de estrelas. Actas, 1992.

[23] Hut, P. Evolução das marés em sistemas binários próximos. A&A, v. 99, p. 126, 1981.

[24] Zahn, J. P. Dissipação de marés em sistemas binários. EAS Publications Series, v. 29, p. 67, 2008.

[25] Tassoul, J. L. On Synchronization in Early-Type Binaries. ApJ, v. 322, p. 856, 1987.

[26] Zahn, J. P. Les Marées dans une Étoile Double Serrée. Annales d'Astrophysique, v. 29, p. 489, 1966.

[27] Meibom, S. & Mathieu, R. D. Uma medida robusta da circularização das marés em populações binárias coevas: A População Binária Espectroscópica do Tipo Solar no Aglomerado Aberto M35. ApJ, v. 620, p. 970, 2005.

[28] Zahn, J. P. Fricção de maré em estrelas binárias próximas. A&A, v. 57, p. 383, 1977.

[29] Zahn, J. P. Present State of Tidal Theory (Estado atual da teoria das marés). Duquennoy, A., Mayor, M. Binaries as tracers of star formation. Actas, 1992.

[30] Zahn, J. P Observations of Rotation in Binary Stars (Observações da rotação em estrelas binárias). Simpósio da IAU, v 105, p. 379, 1984.

[31] Abt, H. A. & Boonyarak, C. Efeitos de maré em binários de vários períodos. ApJ, v 616, p. 562, 2004.

[32] Abt, H. A., Levato, H. & Grosso, M. Rotational Velocities of B Stars. ApJ, v 573, p. 359, 2002.

[33] Mathieu R. D. & Mazeh, T. As Binárias Circularizadas em Aglomerados Abertos: Um Novo Relógio para a Determinação da Idade. ApJ, v 326, p. 256, 1988.

[34] Mazeh, T. Evidência observacional para interação de maré em sistemas binários próximos. Zahn, J. P. EAS Publications Series, p. 1, 2013.

[35] Pourbaix, D., Tokovinin, A. A., Batten, A. H., Fekel, F. C, Hartkopf, W. I., Levato, H., Morrell, N. I., Torres, G. & Udry, S. SB9: The Ninth Catalogue of Spectroscopic binary orbits. A&A, v 424, p. 727, 2004.

[36] Uesugi, A. & Fukuda, I. Revised Catalog of Rotational Velocities. Departamento de Astronomia, Universidade de Quioto, Japão, 1982.

[37] Slettebak, A. & Howard, R. F. Um catálogo de velocidades rotacionais e radiais para estrelas evoluídas V. Southern stars. ApJ, v 121, p. 102, 1955.

[38] Koenigsberg, G. Observações da Rotação em Estrelas Binárias. Simpósio da IAU, n. 215, p. 156, 2004.

[39] De Medeiros, R., Alves, S., Udry, S., Andersen, J., Nordstrom, B. & Mayor, M. A catalog of rotational and radial velocities for evolved stars V. Southern stars. A&A, v 561, p. 1, 2014.

[40] Massarotti, A., Latham, D. W., Stefanik, R. P. & Fogel, J. Rotational and Radial Velocities for a Sample of 761 Hipparcos Giants and the Role of Binarity. ApJ, v 135, p. 209, 2008.

[41] Schatzman, E. A theory of the role of magnetic activity during star formation.

Annales d'Astrophysique, v. 25, p. 18, 1962.

[42] Schatzman, E. On The Evolution of Magnetic Fields. IAU Symposium, v. 105, p. 153, 1965.

[43] Verbunt, F. & Zwaan, C. Magnetic Braking in Low-mass X-ray Binaries. A&A, v. 100, p. L7, 1981.

[44] Royer, F. On the rotation of A-type stars. Rozelot, J. P. e Neiner, C. A rotação do Sol e das estrelas, p. 207, 2009.

[45] Gray, D. F. A rutura rotacional dos gigantes G. ApJ, v. 347, p. 1021, 1989.

[46] Abt, H. A. Observed orbital eccentricites. Hartkopf, W.I., Guinan, E.F. e Harmanec, P. Proceedings IAU, v. 240, p. 414, 2006.

[47] Mayor, M & Mermilliod, J. C. Orbit Circularization Time in Binary Stellar Systems. IAU Symposium, v. 105, p. 411, 1984.

[48] De Medeiros, J. R., Da Silva, J. R. P. & Maia, M. R. G. The Rotation of Binary Systems with Evolved Components ApJ, v. 578, p. 943, 2002.

More
Books!

yes
I want morebooks!

Printed by Books on Demand GmbH, Norderstedt / Germany